Entwicklung eines Modells zur Beschreibung der Bewegungsabläufe manueller Polierprozesse auf Basis der Fraktal-Theorie

Development of a Model Describing the Movements of the Manual Polishing Processes Based on the Fractal Theory

Von der Fakultät für Maschinenwesen
der Rheinisch-Westfälischen Technischen Hochschule Aachen
zur Erlangung des akademischen Grades einer
Doktorin der Ingenieurwissenschaften
genehmigte Dissertation

vorgelegt von

Barbara Christina Bohne geb. Behrens

Berichter:

Univ.-Prof. Dr.-Ing. Dr.-Ing. E. h. Dr. h. c. Dr. h. c. Fritz Klocke
Prof. Dr.-Ing. Walter Lindolfo Weingaertner

Tag der mündlichen Prüfung: 08. Mai 2018

ERGEBNISSE AUS DER PRODUKTIONSTECHNIK

Barbara Bohne

Entwicklung eines Modells zur Beschreibung der Bewegungsabläufe manueller Polierprozesse auf Basis der Fraktal-Theorie

Herausgeber:
Prof. Dr.-Ing. Dr.-Ing. E. h. Dr. h. c. Dr. h. c. F. Klocke
Prof. Dr.-Ing. Dipl.-Wirt. Ing. G. Schuh
Prof. Dr.-Ing. C. Brecher
Prof. Dr.-Ing. R. H. Schmitt

Band 24/2018

Bibliografische Information der Deutschen Nationalbibliothek
Die Deutsche Nationalbibliothek verzeichnet diese Publikation in der Deutschen Nationalbibliografie; detaillierte bibliografische Daten sind im Internet über https://portal.dnb.de abrufbar.

Barbara Bohne:

Entwicklung eines Modells zur Beschreibung der Bewegungsabläufe manueller Polierprozesse auf Basis der Fraktal-Theorie

1. Auflage, 2018

Gedruckt auf holz- und säurefreiem Papier, 100% chlorfrei gebleicht.

Apprimus Verlag, Aachen, 2018
Wissenschaftsverlag des Instituts für Industriekommunikation und Fachmedien an der RWTH Aachen
Steinbachstr. 25, 52074 Aachen
Internet: www.apprimus-verlag.de, E-Mail: info@apprimus-verlag.de

Druck: KN Digital Printforce GmbH, Stuttgart

ISBN 978-3-86359-637-8

D 82 (Diss. RWTH Aachen University, 2018)

für meine zwei Lieblingsmänner
Thomas & Alexander

Vorwort und Danksagung

Preamble and Acknowledgment

Diese Arbeit entstand während meiner Tätigkeit als wissenschaftliche Mitarbeiterin am Fraunhofer-Institut für Produktionstechnologie IPT in Aachen.

Herrn Univ.-Prof. Dr.-Ing. Dr.-Ing. E.h. Dr. h.c. Dr. h.c. Fritz Klocke, dem Leiter des Fraunhofer-Instituts für Produktionstechnologie und Inhaber des Lehrstuhls für Technologie der Fertigungsverfahren der RWTH Aachen, danke ich für die fachliche Unterstützung und die stete wohlwollende Förderung meiner Arbeit während meiner gesamten Institutszugehörigkeit.
Ebenso danke ich Herrn Prof. Dr.-Ing. Walter Lindolfo Weingaertner für die Übernahme des Koreferats und Herrn Univ.-Prof. Dr.-Ing. Georg Jacobs für die Bereitschaft den Prüfungsvorsitz bei meiner Doktorprüfung zu übernehmen.
Ich danke Herrn Dr.-Ing. Olaf Dambon für seine fachliche und persönliche Unterstützung meiner Arbeit sowie sein stetiges Interesse an meinem Thema.

Einen weiteren Dank möchte ich an die Mitarbeiter der Firma Meierkort GmbH & Co. KG richten, die mich bei der praktischen Durchführung meiner Polierexperimente mit ihrem Knowhow unterstützt haben.

Mein spezieller Dank gilt meinen ehemaligen Kollegen vom Fraunhofer IPT, durch die ich meine Promotionszeit in sehr schöner Erinnerung behalten werde. Hier möchte ich besonders Achim, Aki, André, Betti, Diana, Didi, Gela, Jule, Maurice, Myron, René, Richard, Sophia, Udo und Uli hervorheben.
Meinen studentischen Hilfskräften, Bachelor- und Masterarbeitern möchte ich herzlich für ihr Engagement danken, welches zum Gelingen dieser Arbeit beigetragen hat. Hier seien insbesondere Christopher, Jonas, Max und Robert erwähnt.

Ein weiterer Dank sei an dieser Stelle an Merlin gerichtet, der mir mit seinen Programmierkenntnissen in JAVA ein kompetenter Ansprechpartner war.
Für die kritische Durchsicht meines Manuskripts möchte ich mich herzlich bei Violetta, André, Didi und meinem Vater bedanken.

Ein besonderer Dank gilt meiner Schwester Heli und ihrem (bald) Ehemann Enrico, die immer an mich geglaubt haben und immer für mich da sind, wenn ich sie brauche.
Meinem Ehemann Thomas danke ich für seine stetige Motivation, Geduld und die zahlreichen aufmunternden Worte.

Der größte Dank gebührt meinen Eltern, die mir durch ihre Unterstützung und Liebe diesen Weg ermöglicht haben. Sie waren und sind meine größten Vorbilder.

Glinde, im Mai 2018 Barbara Bohne

Zusammenfassung

Das Ziel dieser Arbeit ist die Entwicklung eines Modells zur Beschreibung der Bewegungsabläufe des Polierprozesses, der als finaler Bearbeitungsschritt zur Herstellung komplexer Werkzeuge und Formen zum gegenwärtigen Zeitpunkt weitgehend manuell ausgeführt wird.

In der Literatur wurden für die Augenbewegung bestimmte Bewegungsmuster nachgewiesen, die eine fraktale gebrochen rationale Dimension besitzen. Daher wurde die Ausgangshypothese formuliert, dass auch die Bewegungen des Polierwerkzeugs eine fraktale Dimension besitzen und in wiederkehrende Bewegungsmuster unterteilt werden können.

Für die Verifizierung dieser Hypothese wurde eine Handpolierstation mit einem sensorintegrierten Messsystem zur Erfassung der Prozessparameter Anpresskraft, Polierpfad, Drehzahl und Polierdauer ausgestattet und eine entsprechende Prozessüberwachung mit einer Software (LabView- Laboratory Virtual Instrument Engineering Workbench) realisiert.

Mit Hilfe des Messsystems wurden im Rahmen experimenteller Untersuchungen zwei typische Werkzeugstähle unterschiedlicher Härte und Zusammensetzung (X38CrMoV5-1 / 1.2343, 40CrMnNiMo 8-6-4 / 1.2738) über mehrere Prozessschritte mit unterschiedlichen Polierwerkzeugen auf Hochglanz poliert. Die anschließende Analyse bestätigte die Existenz einer gebrochen rationalen Dimension des Polierpfades. Darüber hinaus konnte nachgewiesen werden, dass die Polierbewegungen des Polierers in vier typische Bewegungsmuster eingeordnet werden können. Diese werden als Zickzack, Spiral, Seesaw und Random bezeichnet.

Für die Messdatenauswertung von Polierversuchen wurde ein Polierpfad-Analyse-Algorithmus (PAA) entwickelt, der eine automatisierte Bewegungsanalyse des Polierwerkzeugs ermöglicht. Die durch den PAA generierten Ergebnisdateien enthalten die prozentualen Anteile der vier Grundbewegungsmuster, deren zeitliche Abfolge, eine Pfadüberschneidungsmatrix und eine ortsaufgelöste Visualisierung des theoretischen Abtragprofils. Der in dieser Arbeit entwickelte PAA wurde im Rahmen der Untersuchungen für plane Geometrien verifiziert und kann durch entsprechende Anpassungen zukünftig auch für Polierversuche mit komplexen Geometrien verwendet werden. Die Ergebnisse der Untersuchungen wurden anschließend auf ein roboterbasiertes System übertragen, um die Automatisierbarkeit des manuellen Polierprozesses zu überprüfen.

Summary

The goal of this thesis is the development of a model to describe the motion sequences of the polishing process, which is mostly manually carried out at the present time as a final processing step for the production of complex tools and molds.

In the literature, certain movement patterns have been demonstrated for the eye movement, which have a fractal dimension. Therefore, the initial hypothesis was formulated that the movements of the polishing tool also might have a fractal dimension and can be subdivided into recurring motion patterns.

For the verification of this hypothesis, a manual polishing station with a sensor-integrated measuring system was equipped with a software (LabView-Laboratory Virtual Instrument Engineering Workbench) to measure the process parameters of the contact pressure, polishing path, speed and polishing time.

Using the measuring system, two typical tool steels consisting of different hardness and composition (X38CrMoV5-1 / 1.2343, 40CrMnNiMo 8-6-4 / 1.2738) were high gloss polished over several processing steps using different polishing tools. The subsequent analysis confirmed the existence of a fractionally rational dimension of the polishing path. Moreover, it could be shown that the polishing movements of the polisher can be classified into four typical movement patterns. These are called zigzag, spiral, seesaw and random.

A polishing path analysis algorithm (PAA) was developed for the measurement data evaluation of polishing tests, which enables an automated path analysis of the polishing tool. The result files generated by the PAA contain the percentages of the four basic motion patterns, their temporal sequence, a path overlap matrix, and a spatially resolved visualization of the theoretical ablation profile. The PAA developed in this work has been verified in the framework of the investigations for plane geometries and can be used in the future for polishing tests with complex geometries. The results of the examinations were then transferred to a robot-based system to check the automatability of the manual polishing process.

Inhaltsverzeichnis

Table of Contents

Abbildungsverzeichnis

List of figures

Tabellenverzeichnis

List of tables

Formelzeichen und Abkürzungen

Symbols and Abbreviations

Große Buchstaben

A	mm^2	Fläche
B		Polierbahn
D		Hausdorff Dimension oder fraktale Dimension
D_{Box}		Boxdimension (vereinf. Berechnung von D)
E	N/mm^2	Elastizitätsmodul
F	N	Kraft
H^s		Hausdorf-Maß (zur Bestimmtung der fraktalen Dimension
I	A	Strom
K_p		Preston-Koeffizient
M	Nm	Drehmoment
P	W	Leistung
R	Ω	Elektrischer Widerstand
Ra	nm	mittlere Rauheit; arithmetischer Mittelwert (auf eine Linie bezogen)
Rt	µm	Rautiefe, Differenz aus maximalem und minimalem Wert des Profils (auf eine Linie bezogen)
Rz	µm	gemittelte Rautiefe aus fünf Messstrecken (auf eine Linie bezogen)
S	mV/bit	Sensitivität
Sa	nm	mittlere Rauheit; arithmetischer Mittelwert (auf eine Fläche bezogen
Sz	µm	gemittelte Rautiefe aus fünf Messstrecken (auf eine Fläche bezogen)
T	°C	Temperatur
U	V	Spannung

Kleine Buchstaben

a_{opt}	mm	Optimaler Bahnabstand
dz/dt	mm/s	Materialabtrag pro Zeit
d	µm	Korndurchmesser Diamant
n	min^{-1}	Drehzahl
p	N/mm^2	Druck
t	s	Zeit
v_{rel}	m/s	Relativgeschwindigkeit
w		Gitterbreite

Griechische Buchstaben

α	°	Winkelbezeichnungen
β	°	Winkelbezeichnungen
γ	°	Winkelbezeichnungen
ε		Elastische Verformung
σ	N/mm^2	Zugspannung
ρ	$\Omega \cdot mm^2/m$	Spezifischer Widerstand
$Ø_A$	mm	Außendurchmesser
$Ø_I$	mm	Innendurchmesser
η		Wirkungsgrad

Abkürzungen

CAS	Computer aided simulation
DESU	Druck/Schutzgas Elektroschlacke-Umschmelzen
DMS	Dehnungsmessstreifen
ESU	Elektroschlacke-Umschmelzen
HB	Brinellhärte
HMI	Human Machine Interface

Abkürzungen

HRC	Härteprüfung nach Rockwell
ICP	Integreated Circuit Piezoelectric
IMU	Inertial Measurement Unit
LabView	Laboratory Virtual Instrument Engineering Workbench
PAA	Pfad-Analyse-Algorithmus
PKE	Pfad-Kraftaufnahme-Einheit
SPS	Speicherprogrammierbare-Steuerung
VI	Virtuelles Instrument (s. LabView)
VLBO	Vakuum-Umschmelz-Lichbogenofen

Indizes

max	Maximum
min	Minimum
opt	Optimal
rel	Relativ

1 Einleitung (Ausgangssituation und Motivation)

Introduction (Initial Situation and Motivation)

Die Nachfrage nach immer komplexer geformten, hochpräzise geschliffenen und Hochglanz polierten Umform- und Spritzgusswerkzeugen in Industriezweigen wie etwa der Automobilbranche, Energieerzeugung, Medizintechnik oder dem Maschinen- und Anlagenbau steigt stetig. Dabei stehen sowohl funktionale als auch haptische Eigenschaften bei den geforderten Oberflächen im Vordergrund. Abbildung 1-1 zeigt eine Übersicht von Produkten aus genannten Branchen. Hierbei gewinnt der finale Feinbearbeitungsschritt im Bereich des Werkzeug- und Formenbaus immer mehr an Bedeutung.

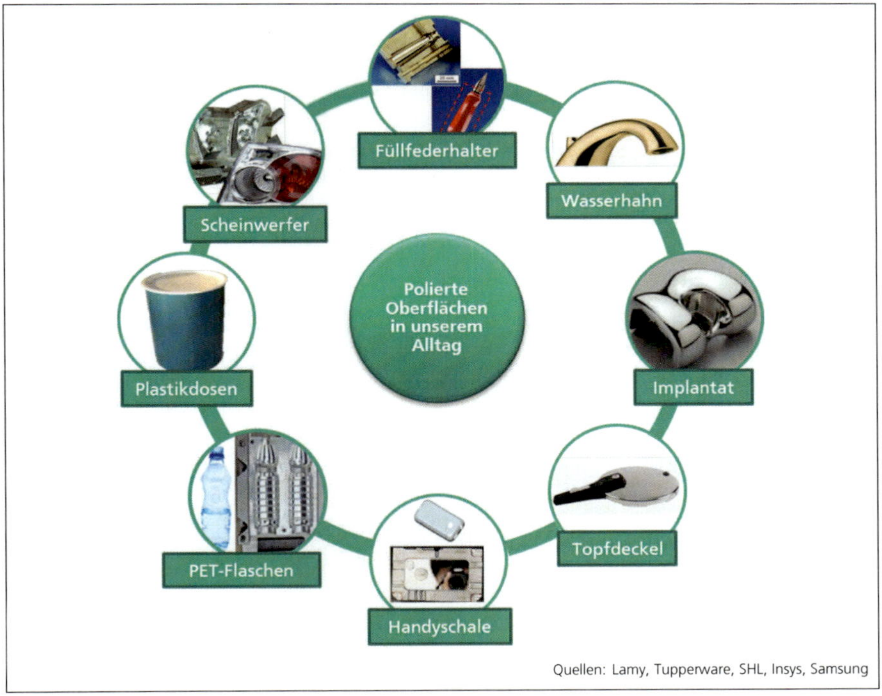

Abbildung 1-1: Übersicht der Nachfrage an Hochglanz polierten Oberflächen

Overview of the needs for high gloss polished surfaces

Dieser finale Prozessschritt zur Herstellung komplexer Werkzeuge und Formen wird immer noch weitgehend manuell ausgeführt. Aus diesem Grund ist der Polierprozess sehr kosten- und zeitintensiv, nicht reproduzierbar und vor allem von der Erfahrung und dem Talent des Bearbeiters abhängig.

Eine (Teil-) Automatisierung dieses Prozessschrittes ist bis heute noch nicht möglich, obwohl hierdurch eine deutliche Kostenreduktion erreicht werden könnte. Insbesondere in den letzten Jahren sind deutsche Unternehmen dem Konkurrenzdruck von Anbietern aus Niedriglohnländern ausgesetzt.

Die Endbearbeitung eines Werkzeugs kann bis zu 50% der Gesamtfertigungsdauer in Anspruch nehmen. Dies entspricht unter Annahme deutscher Personalkosten ca. 15% der Herstellungskosten [ANTO02]. Um Niedriglohnländern gegenüber konkurrenzfähig zu bleiben, muss der deutsche überwiegend klein- und mittelständisch geprägte Werkzeug- und Formenbau kürzere Lieferzeiten bei ständig steigenden Anforderungen an Form- und Oberflächenqualitäten einhalten. Dies kann in Zukunft nur mit Hilfe einer (teil-) automatisierten Endbearbeitung und auf Basis des notwendigen Prozessverständnisses des manuellen Polierprozesses umgesetzt werden.

Der erfahrene Polierer arbeitet beim manuellen Polieren rein „nach Gefühl". Die von ihm intuitiv gewählten Prozessparameter wie beispielsweise Polierzeit, Drehzahl und Anpresskraft wurden bisher noch nicht ausreichend systematisch erfasst und ausgewertet.

Weiterhin gelten die Handbewegungen beim manuellen Polieren als komplex und unvorhersehbar. Am Ende der Polierarbeiten sind die Bewegungen, die während der Bearbeitung durchgeführt wurden, nicht mehr nachzuvollziehen, was eine identische Wiederholung des Vorgangs unmöglich macht.

Aus diesem Grund soll in dieser Dissertation ein neuer Ansatz gewählt werden, welcher den manuellen Polierprozess auf Grundlage der Fraktaltheorie analysiert und wiederkehrende Bewegungsmuster identifiziert. Fraktale besitzen eine gebrochene Dimensionalität (Vgl. Dimension Punkt: 0, Gerade: 1, Fläche: 2, Raum: 3) und sind selbstähnlich [STEI98] Dies bedeutet, dass eine Struktur aus unendlich vielen kleinen Kopien ihrer selbst besteht, wodurch auch chaotisch erscheinende Strukturen (wie die Bewegungsabläufe beim Polieren) mathematisch beschreibbar werden. Diese fraktalen Strukturen sollen einen ersten Ansatz für die mathematische Beschreibbarkeit darstellen und im Rahmen dieser Dissertation im Polierpfad nachgewiesen werden.

Zusätzlich werden weitere relevante Einflussparameter wie Anpresskraft und Drehzahl während des manuellen Polierprozesses mit entsprechender Sensorik aufgezeichnet und anschließend ausgewertet. Die Ergebnisse dieser Pfadanalyse werden abschließend auf ein roboterbasiertes System übertragen.

2 Stand der Technik

State of the art / knowledge

2.1 Begriffe und Definitionen

Terms and Definitions

2.1.1 Definition Polieren

Definition of polishing

Laut DIN 8589 ist der Begriff des Polierens wie folgt definiert: „Durch Polieren soll eine glänzende Werkstückoberfläche – d.h. eine bestimmte Oberflächenstruktur – erzeugt werden." [DIN03] Zusätzlich ist Polieren in dieser Norm nicht als eigenständiges Fertigungsverfahren definiert, sondern existiert nur in Verbindung mit weiteren Endbearbeitungsverfahren wie Polierläppen, -honen, -schleifen oder auch elektrolytisches Polieren und Polieren durch Beschichten.

In anderen Quellen lassen sich verschiedene Definitionen zum Polieren finden:

„Beim Polieren werden Abrasivpartikel, die in einem zumeist flüssigen Medium fein dispergiert vorliegen, über eine Oberfläche geführt. Die Zerspanung wird dabei durch eine Überlagerung chemischer und mechanischer Wirkmechanismen erreicht." [KLOC05]

"Polieren ist ein glättendes Feinbearbeitungsverfahren für verschiedenste Materialien. Die glättende Wirkung wird in der Regel mit zwei Mechanismen erreicht. Zum einen werden Rauhigkeitsspitzen der Oberflächenstruktur plastisch und teilplastisch verformt und so geebnet. Zum anderen erfolgt je nach Art der Politur ein kleinster bis kleiner Werkstoffabtrag (Glanzschleifen), sowie auch Verfüllen von Vertiefungen. Die damit erreichte Oberfläche ist aufgrund der Glätte oft glänzend [OTEC11].

Tam et al. beschreiben Polierprozesse als unterschiedliche Endbearbeitungsverfahren, die jedoch das gleiche Ziel haben, die Oberflächengüte zu erhöhen, ohne dabei die erste und zweite Ordnung der Gestaltabweichung, Formabweichung und Welligkeit zu verändern. Somit soll lediglich die Rauheit der Oberfläche vermindert werden [TAMH99].

Neben der DIN 8589 hat auch Nogawa 1988 die Endbearbeitungsverfahren nach verwendeter Energiequelle unterteilt. Diese Unterteilung berücksichtigt nicht nur das mechanisch abrasive sondern auch das chemische sowie das elektrolytische Polieren [KOMA97]. Weitere Modelle von Kasai et al. stützen sich hauptsächlich auf das mechano-chemische Polieren [KASA90]. Eine weit verbreitete Art der Klassifizierung verschiedener Polierverfahren ist die Einteilung nach deren Materialtrennmechanismen (Abtrag-, Fließ- und chemische Hypothese [DAMB05]. Schulte [SCHU11] erarbeitete diesbezüglich 2011 eine Klassifizierung in Anlehnung an Nogawa und Kasai, welche eine detaillierte Einteilung der Polierverfahren zulässt und zudem die modernen Verfahren mit berücksichtigt, siehe Abbildung 2-1.

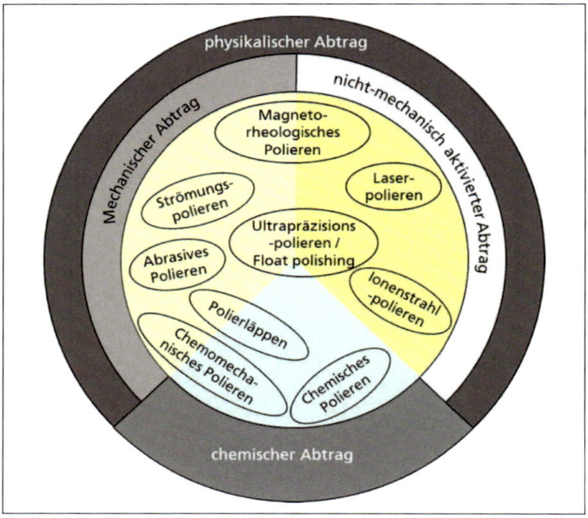

Abbildung 2-1: Klassifizierung einiger Poliertechnologien nach Schulte [SCHU11]
Classification of some polishing technologies according to Schulte

Die unterschiedlichen Klassifizierungen und Definitionsansätze zeigen, dass es für den Begriff des Polierens viele Auslegungen gibt, aber bis heute keine allgemeingültige Beschreibung existiert.

2.1.2 Polierdefekte
Polishing defects

Nach DIN 8589 gilt das Polieren nicht als eigenständiges Fertigungsverfahren (s. Kapitel 2.1.1). Ähnliches gilt für die unterschiedlichen „Polierstufen" (Strichpolitur, Glanz oder Hochglanz). Diese unterliegen vor allem im Werkzeug- und Formenbau der subjektiven Bewertung des Bearbeiters, da dort das manuelle mechanisch abrasive Polieren als finales Endbearbeitungsverfahren angewendet wird. Aufgrund dieser subjektiven, nicht messbaren Bewertung der Oberflächen kann es oft zu Streitfällen bis hin zu Gerichtsverfahren zwischen Stahlherstellern, Polierfachbetrieben und kunststoffverarbeitenden Betrieben kommen. In diesem Zusammenhang hat das Fraunhofer IPT in Zusammenarbeit mit der schwedischen Universität Halmstad, die ebenfalls in dem Bereich des Stahlpolierens arbeitet [REBE09] [REBE07], eine Defekttabelle erstellt, die ein einheitliches Vokabular im Polierbereich beschreibt, welches im folgenden Kapitel 2.1.2 näher erläutert wird. Die Tabelle gliedert sich in fünf sogenannte „Defektklassen". Den Defektklassen, wie in Tabelle 2-1 dargestellt, sind die entsprechenden Polierfehler mit ihrer Beschreibung zugeordnet.

Zusätzlich enthält jeder Defekt eine Lichtmikroskop- und Weißlichtinterferometerbildaufnahme und Vermeidungsstrategien bzw. Erklärungen zur Entstehung der Defekte [BRIN13]. Die ausführliche Übersicht der Defektklassen kann Anhang A entnommen werden.

Flächenhafte Defekte	**Örtlich begrenzte Defekte**	**Formabweichungen**	**Größflächig optische Erscheinungen**	**Sonstige**
Grübchen / Pitting	Riefen	Kantenverrundungen	Verfärbungen	Korrosion
Kometen	Löcher	Welligkeit	Nebel	Brandmarken
Kratzer	Peak / Erhöhung			
Relief				
Orangenhaut				

Tabelle 2-1: **Übersicht Polierdefekte**
Overview of polishing defects

2.2 Manuelles Polieren
Manual Polishing

Unter den klassischen Endbearbeitungsverfahren erzielen Polieren und Polierläppen die höchsten Oberflächengüten, d.h. Oberflächen mit der geringsten Rauheit im Nanometerbereich. In den letzten Jahren wurden viele alternative Endbearbeitungsverfahren entwickelt, wie zum Beispiel Diamantdrehen, Präzisionsschleifen oder Laserpolieren. Dennoch bleibt das manuelle Polieren das am häufigsten angewendete Endbearbeitungsverfahren [KLOC06].

Der Polierprozess als iterativer Prozess mit dem Ziel, eine gewünschte Oberflächenrauheit zu erzielen, ist vereinfacht in Abbildung 2-2 dargestellt. Als Eingangsgrößen jedes Prozessschritts liegen dem Anwender das zu polierende Werkstück mit dessen Geometrie, Materialzusammensetzung, Oberflächenrauheit und Defekten vor. Hieraus muss der Anwender intuitiv eine geeignete Strategie für den Polierschritt bestimmen. Dabei wird das Polierergebnis insbesondere durch die Wahl des Poliermittels und -trägers, des Werkzeugs sowie der damit verbundenen Polierkinematik bestimmt. Ferner entscheidet der manuelle Bearbeiter über weitere Prozessparameter wie Vorschub, Drehzahl, Anpresskraft, Polierpfad und die Dauer des Poliervorgangs. Nach Beenden eines Polierschrittes wird eine so genannte Sichtprüfung und ein Soll-Ist-Abgleich durchgeführt. Ist das vorliegende Ergebnis nicht zufriedenstellend, wird der Prozessschritt wiederholt. Wenn alle Bearbeitungsspuren aus dem vorherigen Bearbeitungsschritt entfernt sind und somit das gewünschte Ergebnis des Polierschritts vorliegt, wird das Werkstück gereinigt. Mit den neuen Ausgangsvoraussetzungen wird der nächste Polierschritt durchgeführt. Dieses iterative Vorgehen wird solange wiederholt, bis das gewünschte Polierergebnis erreicht ist.

Die Vielzahl der Parameter macht es unmöglich, einen optimalen Prozess zu definieren, weshalb das manuelle Polieren oft als künstlerisches Handwerk verstanden wird.

Die ständigen Innovationen im Bereich der Poliermittel und der Träger führen ebenfalls dazu, dass die Auswahl an möglichen Parametereinstellungen ein zunehmend unüberschaubares Ausmaß annimmt. Darüber hinaus sind einige Parameter vom Können des Anwenders abhängig, welche vorwiegend mit der Führung des Poliermittelträgers über das Werkstück zusammenhängen.

Auch die Auswahl der Parameter und Planung der Polierstrategie hängen maßgeblich vom Wissen und dem Geschick des Polierers ab. Das folgende Kapitel gibt einen Überblick über Werkzeuge und Kinematiken des manuellen Polierprozesses.

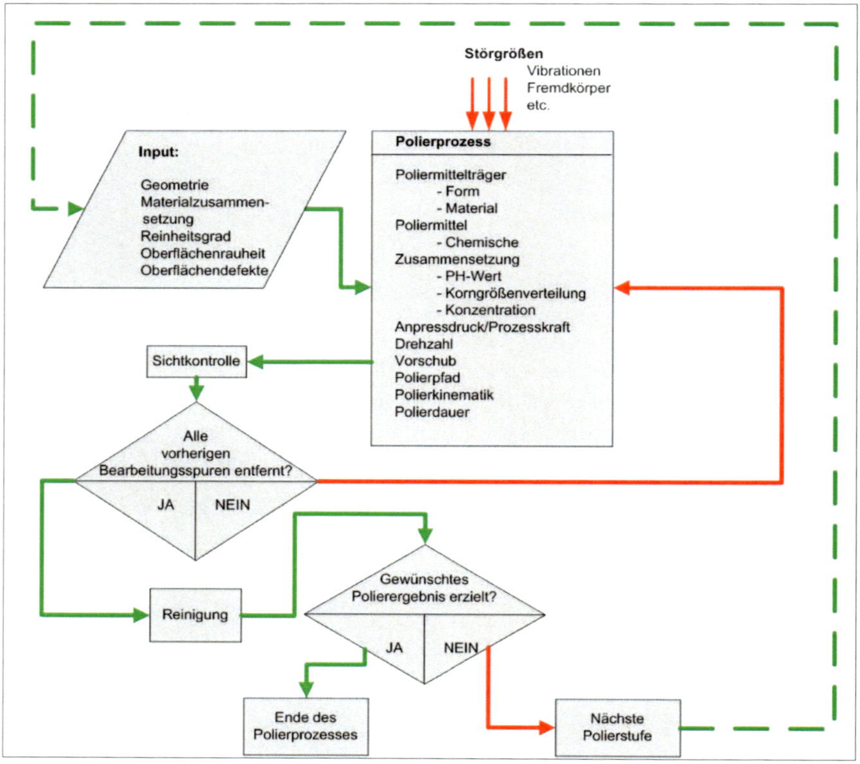

Abbildung 2-2: Prozessmap – manuelles Polieren

Process map – manual polishing

2.2.1 Werkzeuge und Kinematik

Tools and kinematics

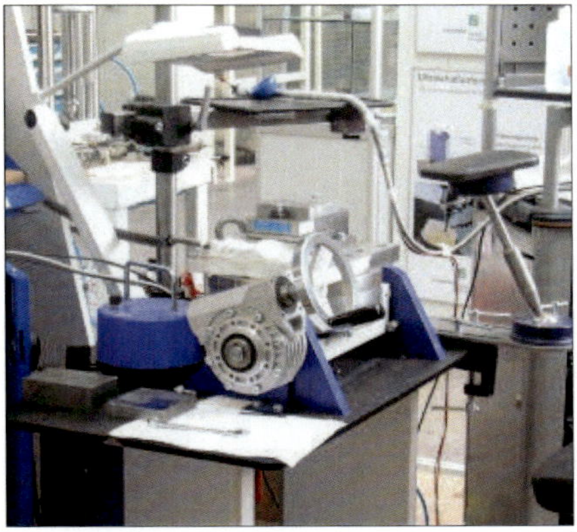

Abbildung 2-3: Handpolierstation

Manual polishing station

Wird vom manuellen Polieren gesprochen, dann ist die Bearbeitung mit maschinengetriebenen Handgeräten gemeint. Abbildung 2-3 zeigt beispielhaft eine in der Industrie üblich eingesetzte Handpolierstation. Hierzu gehören folgende Komponenten:

- Antriebssystem
- Handstück
- Polierbelag oder Poliermittelträger
- Poliermittel

Um gute Ergebnisse zu erzielen, sollte ein vollständig ausgerüsteter Arbeitsplatz vorhanden sein. Zu diesem gehören ein Arbeitstisch, Spannsystem sowie eine optimale Ausleuchtung des Arbeitsfeldes. Da es sich um eine manuelle Tätigkeit handelt, ist bei der Arbeitsplatzgestaltung zu beachten, dass Ermüdung des Anwenders zu einem schlechteren Ergebnis führt und somit der Arbeitsplatz möglichst ergonomisch und komfortabel gestaltet werden sollte [JOIS10].

Manuelle Poliersysteme werden nach ihrer Antriebsart (biegsame Welle, Mikromotor, Ultraschall, Druckluft) und nach ihrer Bewegung (rotatorisch oder translatorisch) unterschieden (Abbildung 2-4).

Die biegsame Welle ist im Gegensatz zum Mikromotor vom Handstück getrennt, wodurch die Handstücke filigraner gestaltet werden können. Diese Trennung bietet weiterhin die Möglichkeit, leistungsstärkere und somit größere Antriebe zu verwenden.

Durch die höhere Leistung findet dieses System vor allem Einsatz bei großflächigen Anwendungen. Systeme mit Mikromotor bieten eine größere Flexibilität in Bezug auf den Arbeitsort und eine bessere Handhabung durch Wegfallen der biegsamen Welle.

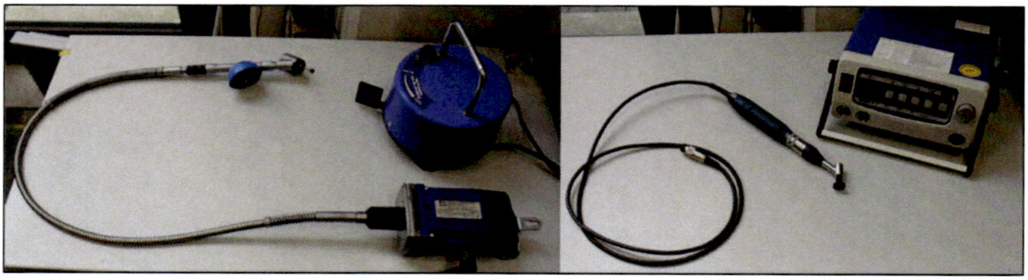

Abbildung 2-4: Antriebssysteme: links, mit biegsamer Welle; rechts, mit Mikromotor
Drive system: left: flexible shaft, right: with micro motor

Die Antriebsart wird meist nach Vorliebe des Bearbeiters ausgewählt bzw. nach Ausstattung der jeweiligen Anlage. Bezüglich der Kinematik werden rotatorische Handstücke meist für großflächige Werkzeuge eingesetzt, während der translatorische Antrieb vorwiegend bei komplexen, filigranen Geometrien wie kleinen Radien, Kanten oder Vertiefungen Einsatz findet. Hier spielt die Auswahl des Poliermittelträgers eine wichtige Rolle, die ebenso vorwiegend durch die Erfahrung des Anwenders bestimmt wird und weniger durch wissenschaftlich fundierte Erkenntnisse belegt ist. König und Klocke definieren die Funktion der Poliermittelträger wie folgt:

„Die Poliermittelträger haben die Aufgabe, das Poliermittel in Form von Suspension oder Pasten in gleichmäßiger Verteilung auf ihren Oberflächen aufzunehmen und locker zu binden. Der Abtrags- und Glättungsvorgang muss vom Poliermittelträger unterstützt werden, ohne dass er selbst direkt an diesem Prozess teilnimmt." [KLOC05]

Abbildung 2-5 gibt einen Überblick über verschiedene rotatorische und translatorische Poliermittelträger. Beim manuellen Polieren finden neben synthetischen und Naturfasern auch Hölzer, Kunststoffe, Messing, gummigebundene Poliermittelträger und gesinterte Diamantkörper Verwendung. Als Poliermittel werden vorwiegend Pasten eingesetzt, welche aus einem feinen Pulver, gemischt mit Wasser, Öl oder Alkohol, bestehen. Ferner sind auch Poliermittel in Form von Sprays, Suspensionen und Gels erhältlich. Im Werkzeug- und Formenbau werden vorwiegend Diamantpasten zur Feinbearbeitung verwendet, deren Körnung von 0,1 bis 60 µm reicht. Weitere verbreitete Poliermittel sind Eisenoxid (Polierrot), Aluminiumoxid (Tonerde), Chromoxid (Poliergrün) sowie Calcium- und Magnesiumoxid (Wiener Kalk).

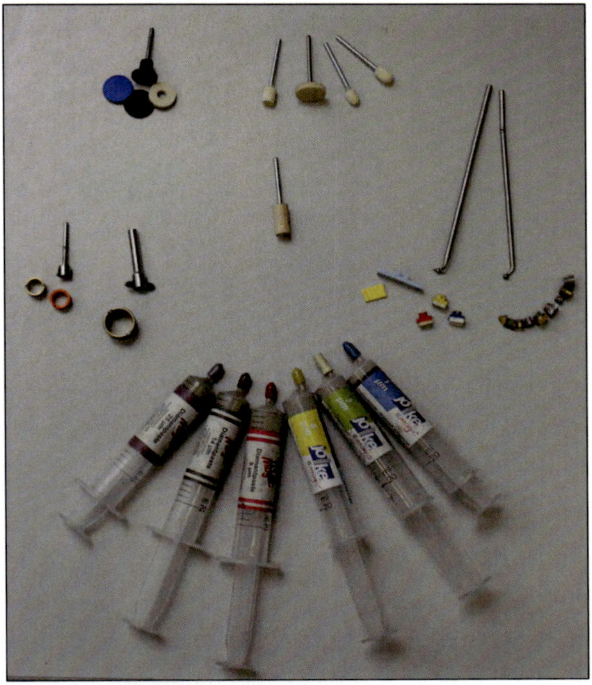

Abbildung 2-5: Rotatorische und translatorische Poliermittelträger und Diamantpasten

Rotary and translational polishing abrasive medium

2.2.2 Polierstrategien

Polishing strategies

Zur Entwicklung einheitlicher Polierstrategien müssen Prozessparameter des Polierprozesses bekannt sein. Viele Lehrbücher, Veröffentlichungen und Dissertationen betrachten hierbei bereits bekannte mathematische Abtragsmodelle [RUNN94], [QINK04], [LUOQ98],[ZHAO02], [DAMB05], [JENG05], [LEEH11], [TUEC12], weshalb diese hier nicht weiter vertieft werden. Ein Modell, welches allerdings aufgrund seiner Einfachheit auch für den manuellen Polierprozess herangezogen werden kann, ist das von F.W. Preston aus dem Jahre 1927 [PRES27].

$$\frac{dz}{dt} = K_p \cdot p \cdot v_{rel} \qquad \textbf{2.1}$$

dz/dt: Materialabtrag pro Zeit | K_p: Preston-Koeffizient | p : Anpressdruck | v_{rel}: Relativgeschwindigkeit

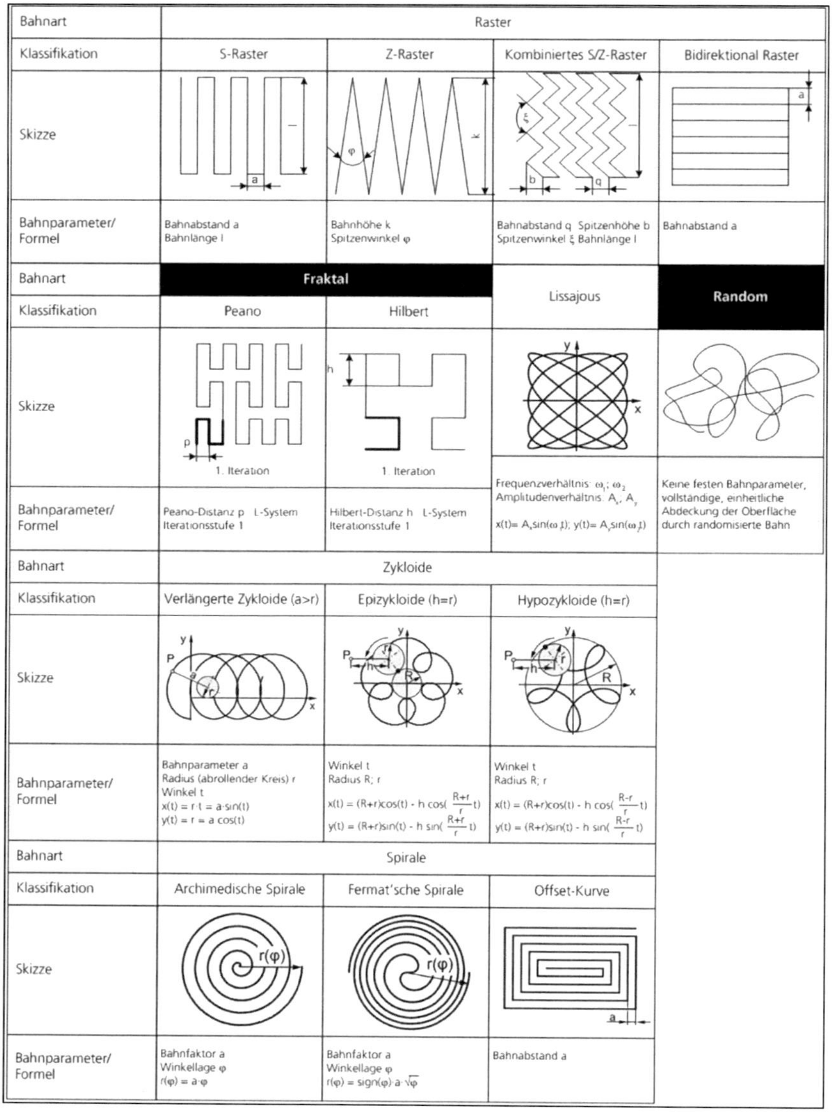

Abbildung 2-6: Polierbahnen zur automatisierten Feinbearbeitung [TUEC12], [WILB12]

Polishing paths for automated fine machining

Nach der Preston-Gleichung verhält sich die Abtragrate dz/dt (der Materialabtrag pro Zeit), proportional zu den Prozessparametern Anpressdruck p und Relativgeschwindigkeit v_{rel} zwischen Werkstück und Poliermittelträger. Weitere Einflussfaktoren werden in dem Preston-Koeffizienten K_p mit berücksichtigt und beinhalten Einflüsse aus der Werkstückoberfläche, der Polierflüssigkeit, des Poliermittels und dessen Träger sowie des Polierwerkzeugs.

Ein weiterer Faktor, der einen wesentlichen Einfluss auf das Polierergebnis hat, ist der Polierpfad. Hierbei handelt es sich um die Führung des Werkzeugs mit dem Poliermittelträger über das Werkstück. Tücks und Wilbert haben sich in ihren Forschungsarbeiten mit vielen bereits programmierbaren Polierbahnen [TUEC12] und neu entwickelten Bahnen (Random-Walk) [WILB12] beschäftigt.

Wie aus Abbildung 2-6 hervorgeht, wurden in der Literatur fraktale Algorithmen wie z.B. Peano und Hilbert-Kurven bereits für automatisierte Schleif- und Polierversuche eingesetzt. Der Random-Walk ist ein weiterer wissenschaftlicher Ansatz aus der Chaos-Theorie, welcher in Kapitel 6 näher erläutert wird.

Weiterhin sind bei den unterschiedlichen Bahnarten vor allem die gleichmäßige Verteilung des Abtrags und die damit einhergehende Oberflächenrauheit von Bedeutung. So untersuchten Tam et al. 2010 vier unterschiedliche Bahnen hinsichtlich ihres Abtragsprofils. Abbildung 2-7 zeigt, dass beim Scanning-Pfad (S-Raster) gerichtete, parallele Riefen entstehen, welche am Wendepunkt größere Materialanhäufungen aufweisen. Beim Bi-Scanning und Peano-Pfad entsteht eine gleichmäßigere Verteilung der Oberflächenrauheit, während die Hilbert-Kurve ein gröberes Abtragsprofil aufweist. Zusätzlich ist auch der Bahnabstand ausschlaggebend für die Güte des Polierergebnisses. Hier gilt, dass mit geringerem Bahnabstand die Oberflächenrauheit ebenfalls sinkt, bzw. die Oberflächengüte steigt. Durch einen geringeren Bahnabstand wird die Oberfläche gleichmäßiger abgefahren; somit kann ein besseres Polierergebnis erzielt werden. Es gilt:

$$a_{opt} \leq \varnothing_{Werkzeug} \qquad \textbf{2.2}$$

a_{opt}: optimaler Bahnabstand, $\varnothing_{Werkzeug}$: Durchmesser des Polierwerkzeugs

Die Betrachtungen der Abtragsprofile in Abb. 2-10 zeigen, dass der Polierpfad einen signifikanten Einfluss auf das Polierergebnis hat und somit von essentieller Bedeutung für die Analyse des manuellen Polierens ist.

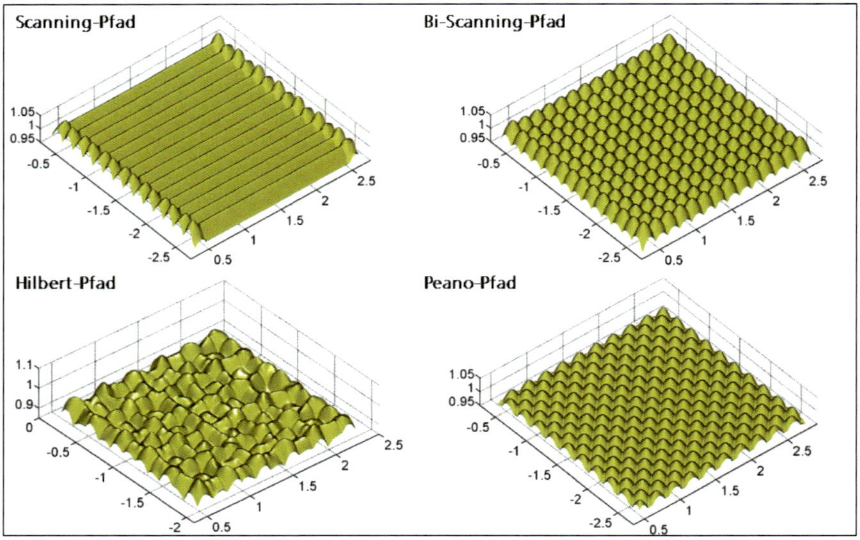

Abbildung 2-7: Abtragsprofile vier unterschiedlicher Polierbahnen [TAMH10]
Abrasion profile of four different polishing paths

2.3 Der Weg zum maschinellen Polieren
The evolution to mechanical polishing

Geschliffen und poliert wurde bereits im Zeitalter der Steinzeit, beispielsweise zur Herstellung von Werkzeugen (Abbildung 2-8). Damals wurden alle Prozesse manuell ausgeführt. Ca. 2000 vor Christus lösten in Europa die Metalle den Werkstoff Stein ab, so dass diese Epoche endete und die Bronzezeit (bis 800 v. Chr.), gefolgt von der Eisenzeit (ca. 800 –0 v.Chr.) [DITF13], begann. Viele Werkzeuge und Waffen wurden nun aus diesen neuen Materialien hergestellt. Erst ca. 2000 Jahre nach Beginn der Bronzezeit begann der Mensch mit dem Bau von Werkzeugmaschinen.

Gegen Ende des 18. Jahrhunderts folgten Metallbearbeitungsmaschinen wie beispielsweise Schleifmaschinen und Drehbänke. Das Bestreben, manuelle Bewegungsabläufe zu automatisieren und in komplexe Produktionsprozesse zu integrieren, kann in der Industrie auch noch heute beobachtet werden. Wie aus Abbildung 2-9 ersichtlich, konnte dieser technologische Fortschritt im Bereich Feinbearbeitung noch nicht vollständig vollzogen werden.

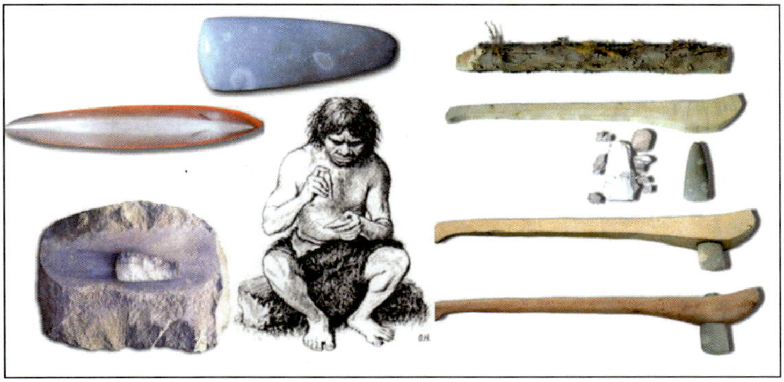

Abbildung 2-8: Schleifen und Polieren in der Steinzeit [FEUE13], [KELL16]

Grinding and polishing during Stone Age

Es werden grundsätzlich zwei maschinelle Konzepte unterschieden:

- Polieren in Werkzeugmaschinen – eine Technologie, die bereits in der Industrie etabliert und somit Stand der Technik ist.
- Polieren mit Robotern, wobei es hier wiederum zwei unterschiedliche Arten der Durchführung gibt
  - Werkzeuggeführt
  - Werkstückgeführt

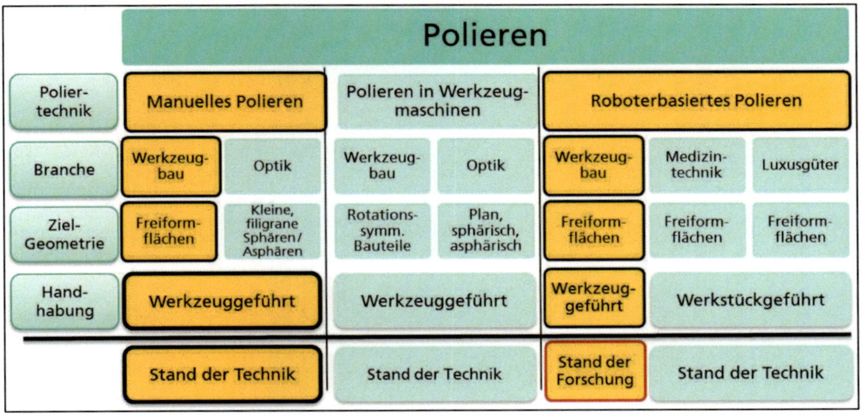

Abbildung 2-9: Manuelles Polieren vs. Werkzeugmaschine und Roboter

Manual polishing vs. machine and robot polishing

In Abbildung 2-9 sind die Poliertechniken des manuellen Polierens dem Polieren in der Werkzeugmaschine und dem roboterbasierten Polieren gegenüber gestellt (orange markiert). Verglichen werden die Branchen, die dort jeweils benötigten Zielgeometrien und die Handhabung der Werkzeuge.

Dargestellt wird, dass das roboterbasierte Polieren von Freiformflächen, im Gegensatz zu den anderen im Bild gezeigten Poliertechniken, bisher keinen etablierten Stand der Technik erreicht hat und daher nur im Bereich der Forschung eingesetzt wird.

Beim robotergestützten Polieren wird zum einen die werkstückgeführte Technologie, bei der das zu bearbeitende Werkstück direkt am Roboter angebracht und bewegt wird, und zum anderen die werkzeuggeführte Technologie unterschieden. Dort wird das Werkstück stationär fixiert und der Roboter bewegt die Polierwerkzeuge aktiv über die zu bearbeitende Oberfläche.

Für die werkstückgeführte Technologie werden bereits seit den 90er Jahren Poliermaschinen verwendet, die in diesem Bereich erfolgreich arbeiten. Claude Attanasio und Jean Claude Seigue haben hierfür 1992 das erste Patent mit dem Titel „Feinstbearbeitungsmaschine mit pneumatischer Kraftsteuerung des Werkzeuges" angemeldet, welches 1995 genehmigt wurde [ATTA95].

Die Vielzahl der Systemanbieter von Komplettlösungen werkstückgeführter Roboterlösungen (beispielhaft zu sehen in Abbildung 2-10) wie z.B. Insys, Mepsa, SHL, Cimotec, Blumenbecker, Fimo, Maffei, Precitrame, Preccon zeigt, dass die automatisierte Feinbearbeitung im Zeitalter der Technik für die Anbieter der Technologie große wirtschaftliche positive Aspekte mit einher bringt. Der Fokus dieser Roboterzellen liegt hier auf:

- Massenprodukten
- Guter Zugänglichkeit der Bearbeitungsflächen
- Meist nur achsensymmetrischen Bauteile
- Keinen Kavitäten
- Weichen Materialien
- Großen Kontaktzonen

Da die Masse des durch den Roboter bewegten Bauteils begrenzt ist, ist die Verwendung großer und schwerer Werkstücke ($m > 30$ kg) von nachrangiger Bedeutung. Für diese Anwendungsfälle wird dann die werkzeuggeführte Technologie eingesetzt, wobei das über eine Spindel angetriebene Polierwerkzeug vom Roboter analog zum Handstück des manuellen Polierers geführt wird.

Obwohl seit Anfang der 1990er Jahre Forschungsarbeiten zur Entwicklung von robotergestützten Fertigungssystemen veröffentlicht werden, existiert bis heute keine marktreife automatisierte Lösung für den Werkzeug- und Formenbau, sondern nur anwendungsspezifische Lösungen im Bereich der Forschung (siehe Anhang B).

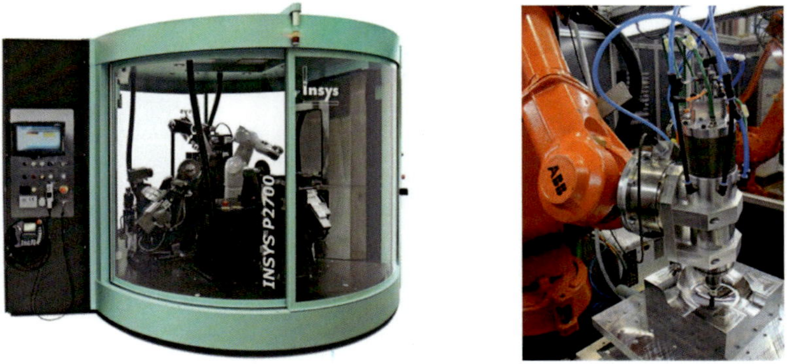

Quelle: INSYS — Quelle: Fraunhofer IPT

Abbildung 2-10: Werkstück- und werkzeuggeführte Roboterzelle
Workpiece- and tool-guided robot cell

2.4 Prozessüberwachung
Process Control

Da in der Fertigungsindustrie in den letzten Jahren ein Trend hin zu höheren Qualitäten bei geringeren Produktionskosten und kürzeren Produktionszeiten zu beobachten ist, wird sich für die Überwachung und Optimierung fertigungstechnischer Prozesse einer detaillierten Prozessüberwachung bedient. Hierfür werden bereits seit den 1990er Jahren zur Datenerfassung und -analyse oft mathematische Modelle eingesetzt, um Fehler-/Störfaktoren, Wechselwirkungen oder Trends zu erkennen und ggf. entgegenzusteuern [ISER96].

Der grundlegende Leitgedanke einer Prozessüberwachung ist es, den Zustand eines Systems mit Hilfe von Sensorik zu erfassen und bei Störungen geeignete Maßnahmen einzuleiten (z.B. Ausgabe von Fehlermeldungen) [KENT09]. Nachfolgend werden hierfür einige Begrifflichkeiten definiert.

Prozess

„Ein Prozess ist eine Gesamtheit von aufeinander einwirkenden Vorgängen in einem System (s. DIN 19226-1) durch die Materie, Energie oder auch Information umgeformt, transportiert oder gespeichert wird." [ALEX08]

Steuerung

„Gemäß DIN 19226-1 ist die Steuerung ein Vorgang in einem System, bei dem eine oder mehrere Größen als Eingangsgrößen andere Größen als Ausgangsgrößen aufgrund der dem System eigentümlichen Gesetzmäßigkeiten beeinflussen." [ALEX08]

Regelung

„Die Regelung ist ein Vorgang, bei dem die zu regelnde Größe (Regelgröße) fortlaufend erfasst, mit einer anderen Größe (Führungsgröße) verglichen und im Sinne einer Angleichung an die Führungsgröße beeinflusst wird. Kennzeichnend für das Regeln im Gegensatz zur Steuerung ist der geschlossene Wirkungsablauf, bei dem die Regelgröße im Wirkungsweg des Regelkreises fortlaufend beeinflusst wird." [ALEX08]

Monitoring

Monitoring ist der Überbegriff für eine systematische Überwachung mit Hilfe technischer Mittel und wird vor allem im Bereich der Naturwissenschaften eingesetzt, um Prozesse und Daten zu analysieren.

Condition-Monitoring

Das Condition-Monitoring ist ein Überwachungskonzept speziell für technische Anlagen, bei dem durch Erfassung einer oder mehrerer Messgrößen (z.B. Temperatur, Kraft, Relativgeschwindigkeit) einer Anlage eine Prozessüberwachung durchgeführt wird, um Abweichungen vom Sollwert frühzeitig erkennen zu können.

2.4.1 Prozessüberwachungssystem

Process Control System

Nachstehend werden die grundlegenden Komponenten eines Prozessüberwachungssystems (Abbildung 2-11) am Beispiel des Polierprozesses erläutert:

Die Messgröße ist eine physikalische Größe (z.B. Temperatur, Druck, Geschwindigkeit usw.), die mit Hilfe von Sensoren quantitativ erfasst werden kann. „Ein Sensor wandelt die zu messende physikalische Größe und ihre Änderungen in elektrische Größen und ihre Änderungen um und verarbeitet diese so, dass sie leicht übertragen und weiterverarbeitet werden können." [RODD06] Dabei wird die Messgröße in ein analoges Signal umgewandelt, bei dem durch den Einsatz von Filtern Störgrößen (z.B. Rauschen) vom Messsignal eliminiert bzw. durch einen Messverstärker Signale verstärkt werden. Die Signale aus der Messdatenerfassung werden in Vorbereitung auf die Datenanalyse mit Hilfe eines Analog-/Digital-Wandlers zeit- bzw. wertkontinuierlich diskretisiert und anschließend codiert. Mit speziellen Messkarten und entsprechender Messsoftware (Bsp.: LabVIEW von der Firma National Instruments) können die Daten anschließend gespeichert und über einen PC / Monitor visualisiert werden. Die hier beschriebene Visualisierung kann sowohl zum Beobachten eines Prozesses eingesetzt werden, als auch zum Bedienen. Beispiele eingesetzter sogenannter HMI (Human Machine Interface) Software sind SIMATIC WinCC von Siemens oder Wonderware InTouch (s. Kapitel 0).

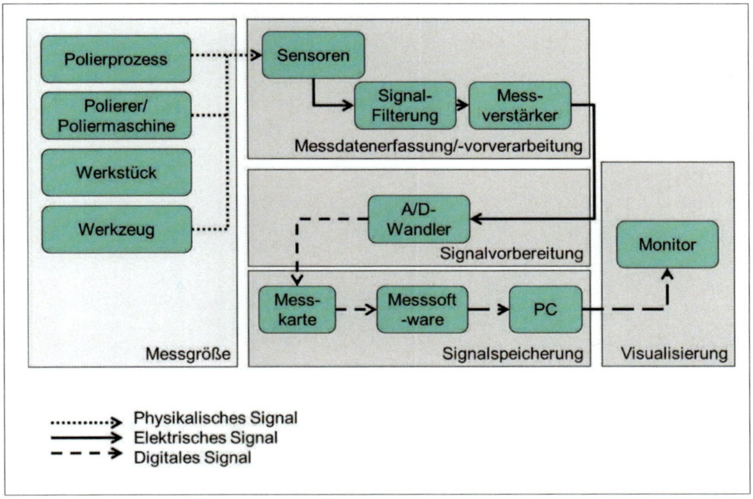

Abbildung 2-11: Prozessüberwachungssystem am Beispiel des Polierprozesses
Process monitoring system, e.g. polishing process

2.4.2 Datenerfassung für die Prozessüberwachung
Data acquisition for process control

Zur Messung unterschiedlicher Polierparameter, sind im Folgenden mögliche Messmethoden dargestellt und im Hinblick auf die Umsetzbarkeit im manuellen Polierprozess bewertet.

Sensorik zur Drehzahlmessung

Für die Drehzahlmessung stehen vier mögliche Messverfahren zur Verfügung (Abbildung 2-12):

- Photoelektrischer Inkrementalgeber
- Hall-Sensor
- Absolutwert-Drehgeber
- Abgreifen der Motorsteuerspannung am Steuergerät

Der einfachste Aufbau eines photoelektrischen Inkrementalgebers besteht aus einer Gabellichtschranke und einer Lochscheibe. Wird der Lichtstrahl unterbrochen, trifft dieser nicht mehr auf den Photodetektor, was zu einer Unterbrechung des Stromkreises. Zur Bestimmung der Drehzahl werden die Negativflanken pro Zeitintervall bestimmt.

Der Absolutwert-Drehgeber funktioniert nach dem Prinzip des Inkrementalgebers. Der Unterschied besteht darin, dass dieser eine Codierscheibe besitzt, welche dem Sensor die Information über die aktuelle Position der Welle liefert. Zusätzlich kann mit Hilfe der Codierscheibe die Drehrichtung bestimmt werden. Somit kann ein Absolutwert-Drehgeber vorwärts sowie rückwärts zählen.

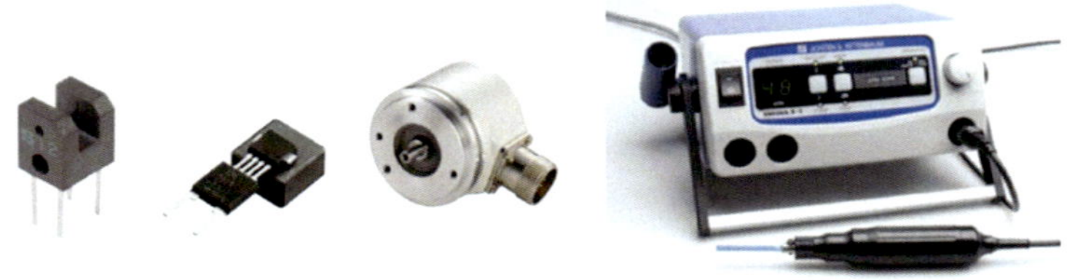

Abbildung 2-12: Auswahl der Drehzahlsensoren

Choice of speed sensors

Hall-Sensoren arbeiten nach dem Prinzip des Hall-Effekts, dem Auftreten von elektrischer Spannung. Diese tritt auf, wenn sich stromdurchflossene Leiter oder Halbleiter in einem Magnetfeld befinden [HERI10]. Hier wird ein Magnet am rotierenden Teil des Polierwerkzeugs befestigt. Wenn der Magnet den Hall-Sensor passiert, wird eine fallende Flanke registriert, die, wie bei den zwei vorherigen Möglichkeiten, eine Messung der Drehzahl ermöglicht.

Eine vierte Möglichkeit der Drehzahlmessung erfolgt durch Abgreifen der Soll-Drehzahl an der Steuereinheit. Den vorherigen Messarten ist gemein, dass bei ihnen die Ist-Drehzahl der Antriebswelle gemessen wird, welche sich beim Feinbearbeitungsprozess unter Last ändert. Da die Last abhängig von der Anpresskraft ist, welche von den Kraftsensoren ermittelt werden kann, ist es ausreichend die Soll-Drehzahl aufzuzeichnen. Es besteht folgender Zusammenhang für Elektromotoren:

$$P_{elektrisch} \cdot \eta = P_{mechanisch}$$

$$U \cdot I \cdot \eta = 2 \cdot \pi \cdot n \cdot M \qquad (2.3)$$

$P_{elektrisch}$:	elektrische Leistung [W]
η:	Wirkungsgrad
$P_{mechanisch}$:	mechanische Leistung [W]
U:	Versorgungsspannung [V]
I:	Stromaufnahme [A]
M:	Drehmoment [Nm]
n:	Drehzahl [min^{-1}]

Der Wirkungsgrad η gibt das Verhältnis von aufgenommener elektrischer Leistung zur mechanisch umgesetzten Nutzleistung an. Die mechanische Leistung ist das Produkt von Winkelgeschwindigkeit (hier: $\omega = 2 \cdot \pi \cdot n$) und Drehmoment, wohin gegen die elektrische Leistung das Produkt aus Spannung und Stromstärke ist.

Sensorik zur Kraftmessung

Bei der Kraftmessung wird grundsätzlich zwischen zwei Messarten unterschieden, der direkten und der indirekten Kraftmessung (Abbildung 2-13). Bei der direkten Kraftmessung wird der Sensor unmittelbar in das Bauteil eingebaut, d.h. die Kraft wird senkrecht zur Kraftflussrichtung gemessen. Der Vorteil hierbei ist, dass der Sensor die Absolutkraft misst, da diese linear wirkt und der Kraftangriffspunkt das Messergebnis nicht beeinflusst [HERI12].

Bei indirekter Messung der Kraft, auch als Kraftnebenschlussmessung bezeichnet, wird der Sensor an eine geeignete Stelle in den Kraftfluss des Bauteils integriert. Anschließend wird durch Messungen die wirkende Kraft berechnet, was eine genaue Kalibrierung des Sensors erfordert.

Es existieren unterschiedliche Sensoren, welche bei indirekter oder direkter Messart für die Kraftmessung verwendet werden können. Sechs ausgewählte Sensoren werden im Folgenden kurz dargestellt:

- Dehnungsmessstreifen (DMS)
- Piezoelektrische Kraftsensoren
- Mehrkomponenten-Kraftaufnehmer
- Dynamometer
- Kraftmessfolien
- Messhandschuhe

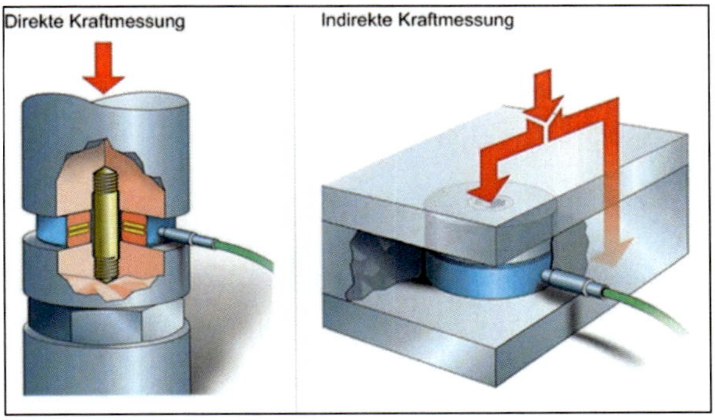

Abbildung 2-13: Verschiedene Arten der Kraftmessung [KIST10]
Different ways of force meassurment

Dehnungsmessstreifen werden auf einem entsprechenden Träger aufgebracht. Verformt sich der Träger, so wird die Dehnung auf den DMS übertragen und dessen elektrischer Widerstandswert R verändert sich.

$$R = \rho \cdot \frac{l}{A} \qquad (2.4)$$

R: Widerstand | ρ: spezifischer Widerstand | l: Länge des Leiters | A: Querschnittsfläche des Leiters

Die Widerstandsänderung ist ein Maß für die auf den Träger wirkenden Kräfte, die Dehnungen im Proportionalbereich (Hookesche Gerade) der Spannungs-Dehnungs-Kurve bewirken. In diesem Bereich gilt, dass die elastische Verformung ε (Verhältnis der Längenänderung Δl zur ursprünglichen Länge l_0) proportional zur einwirkenden mechanischen Spannung σ ist.

Die Proportionalitätskonstante E wird als Elastizitätsmodul bezeichnet:

$$\sigma = E \cdot \varepsilon \qquad (2.5)$$

σ: mechanische Spannung | E: Elastizitätsmodul | ε: elastische Verformung

Piezoelektrische Kraftsensoren beruhen auf dem Prinzip des piezoelektrischen Effekts. Dieser tritt bei dielektrischen Werkstoffen auf, welche bei einer Krafteinwirkung eine Spannung an ihrer Oberfläche erzeugen. Piezoelektrische Sensoren haben gegenüber DMS den Vorteil, einen höheren Messbereich aufzuweisen und eignen sich somit besser für indirekte Messungen. So können trotz hoher Vorspannung der Sensoren durch das zu polierende Formwerkzeug geringe Prozesskräfte gemessen werden.

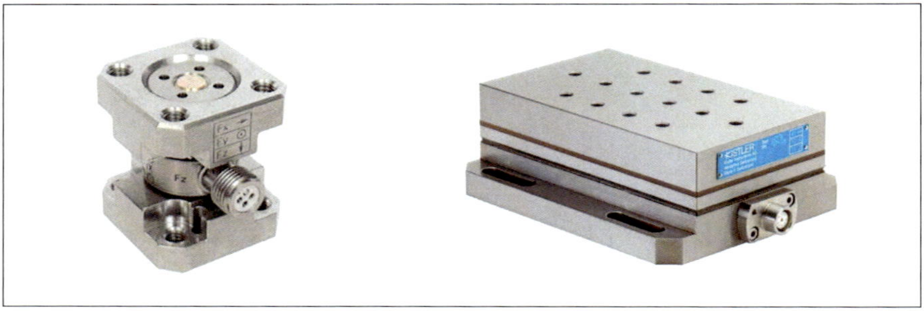

Abbildung 2-14: Triaxial-Kraftsensor (links); Dynamometer (rechts) [KIST16]
Triaxial-force sensor (left), dynamometer (right)

Wie auch bei den Kraftsensoren mit Dehnungsmessstreifen sind piezoelektrische Sensoren als Ein- oder Mehrkomponenten-Kraftaufnehmer erhältlich. Vor allem piezoelektrische Dreikomponenten-Kraftaufnehmer, auch als Triaxial-Kraftsensoren bezeichnet, haben sich in der Praxis bewährt. Diese detektieren die X-, Y- und Z-Komponenten einer resultierenden Kraft. Werden drei oder vier dieser Dreikomponenten-Kraftsensoren verschaltet, so kann auch das Moment um die X-, Y- und Z-Achse eines globalen Koordinatensystems bestimmt werden.

Dieser Aufbau wird als Dynamometer bezeichnet, welches auf der rechten Seite in Abbildung 2-14 zu sehen ist, und findet vor allem in der Biomechanik bei Reaktionskraftmessungen und Ganganalysen Anwendung [KIST09].

Kraftmessfolien (Abbildung 2-15) bestehen aus einer Matrix vieler aneinander gereihter Kraftsensoren. Diese messen die Kräfte in Druckrichtung. Durch den Matrixaufbau können Kraftmessfolien auch den Kraftangriffspunkt bestimmen.

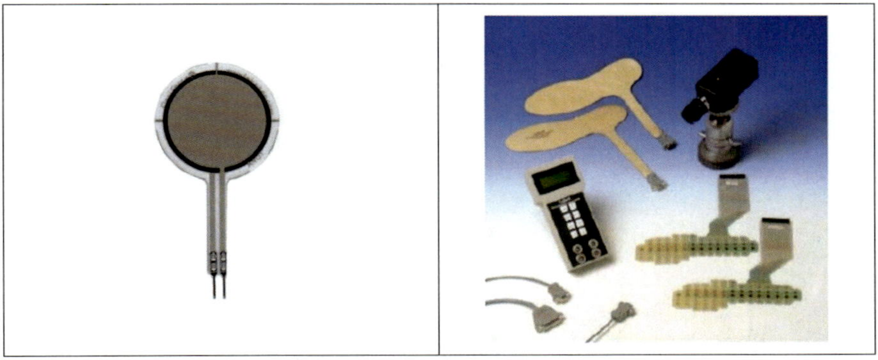

Abbildung 2-15: Kraftmessfolie [TEKS14] (links); Fußdruckmesssohlen (rechts [THEI05])
Force measurement membrane (left), foot pressure measuring sole (right)

Eine weitere Möglichkeit ist die Kraftermittlung durch einen Messhandschuh (Abbildung 2-16). Die meisten Messhandschuhe besitzen Folien-DMS an den Fingerspitzen sowie Beugungssensoren entlang der Finger. So können die Lage des Kraftsensors sowie die Kraft, die der Finger ausübt, bestimmt werden.

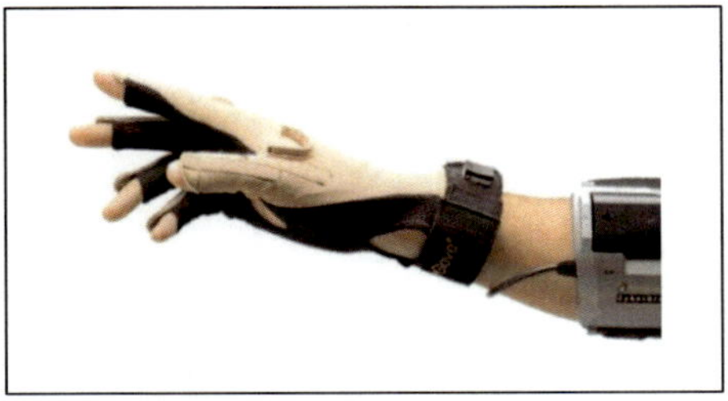

Abbildung 2-16: Messhandschuh Cyber-Glove (Virtual Technologies Inc.)
Measuring glove cyber-glove (right)

Es gibt jedoch kein Modell zur Beschreibung des Zusammenhangs zwischen Fingerkräften, welche auf das Handstück wirken, und der Anpresskraft des Poliermittelträgers an das Werkstück. [THEI05]

Beim Polieren per Hand werden oftmals beide Hände zur Führung, Stabilisierung und Kraftaufbringung verwendet, was die Messung mittels Messhandschuh erschwert. Des Weiteren beeinträchtigt der heute noch massive Aufbau dieser Messhandschuhe die Handhabung beim Polieren.

Alle beschriebenen Sensoren verwenden DMS oder Piezokristalle zur Kraftmessung. DMS zählen zu den „passiven Sensoren", die piezoelektrischen Kraftaufnehmern hingegen zur Gruppe der „aktiven Sensoren". Tabelle 2-2 erläutert die Eigenschaften der passiven und aktiven Sensoren.

passive Sensoren	**aktive Sensoren**
• Verändern ihre elektrischen Eigenschaften unter Einfluss einer nichtelektrischen physikalischen Größe (z.B. ein Widerstandssensor verändert seinen elektrischen Widerstand infolge einer Temperaturänderung, d.h. $T + \Delta T \Rightarrow R + \Delta R$) • Benötigen zur Auswertung eine Hilfsenergie • Hohe Genauigkeiten sind erreichbar	• Wandeln eine nichtelektrische physikalische Größe in eine elektrische Größe um (z.B. Beleuchtungsstärke in eine Spannung), physikalisch gesehen stellen sie Energiewandler dar • Keine Hilfsenergie zur Auswertung erforderlich • Oft nur geringe Genauigkeit erreichbar, vor allem bezüglich der Langzeitstabilität $\Rightarrow$ häufige Kalibrierung erforderlich

Tabelle 2-2: Merkmale von aktiven und passiven Sensoren nach Parthier [PART11]
Characteristics of active and passive sensors according to Parthier

Sensorik zur Polierpfadaufnahme

Die gängigsten Positionserfassungssysteme wurden von Tilch und Mautz [TILC10] nach Reichweite und Genauigkeit zusammengefasst (Abbildung 2-17).

Es zeigt sich, dass die meisten Lokalisierungssysteme für den Einsatz im Freien konzipiert wurden und Genauigkeiten von maximal 1 cm erreichen. Für die Positionserfassung des Polierpfads wird allerdings eine Genauigkeit im Millimeterbereich verlangt.

Auch die Reichweite beziehungsweise der Abstand von Sender-Empfänger sollte im Teilraum (Abbildung 2-17, Reichweite unter 1m) liegen, um größere Aufbauten zu vermeiden.

Nach Mautz sind für diesen Anwendungsfall Koordinatenmessmaschine, Messarm- und optische Systeme geeignet. Koordinatenmessmaschinen sind aufgrund ihres großen Aufbaus für die Polierpfadaufnahme an einer Handpolierstation ungeeignet.

Im Folgenden werden die Systeme erläutert, die für den Genauigkeitsbereich des Polierens in Betracht kommen.

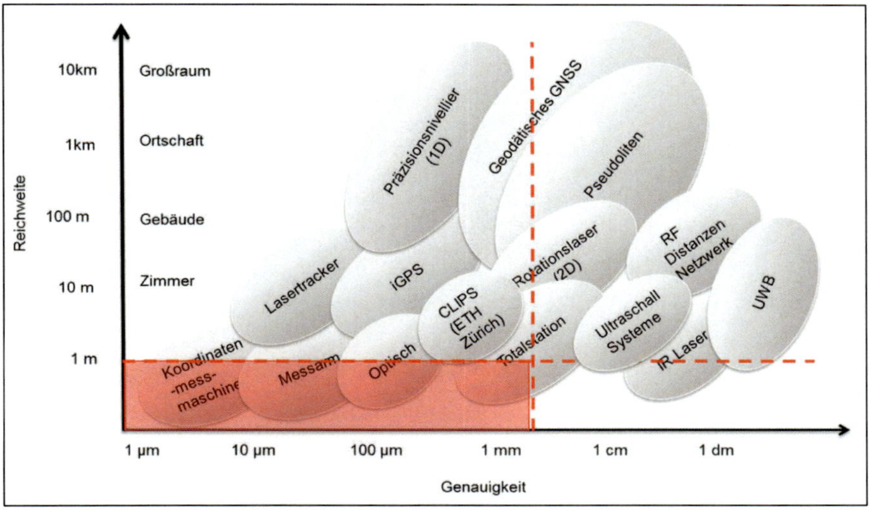

Abbildung 2-17: Klassifiz.- v. Messsystemen zur Lokalisierung nach Tilch & Mautz
Classification of localisation systems

Optische Systeme

Optische Systeme zur Positionserfassung haben sich in den letzten Jahren stark verbessert, vor allem im Bereich der CCD-Sensoren und der computergestützten Bildverarbeitung. [TILC10]. Diese Systeme finden ihren Einsatz vorwiegend in der Objekterkennung. National Instruments liefert hierzu beispielsweise ein Komplettsystem von der Kamera bis hin zur Programmierungsumgebung für die automatische Bildverarbeitung. Kamerasysteme bieten den großen Vorteil, dass diese für weitere Funktionen, wie zum Beispiel einer automatisierten Sichtkontrolle, eingesetzt werden können.

Der Nachteil dieser optischen Systeme ist, dass sie eine ständige Sichtverbindung von Sender und Empfänger, eine sogenannte „Line-of-Sight", benötigen. Diese kann während des Polierprozesses nicht garantiert werden, da der Anwender nicht durch das Messsystem bei der Ausübung seiner Tätigkeiten beeinflusst werden soll. Aus der Erfahrung ist bekannt, dass häufig eine zweite Hand zur Stabilisierung und Führung des Handstücks verwendet wird, was zur Abschattung und somit zur Unterbrechung der „Line-of-Sight" führen würde. Auch komplexe Geometrien mit tiefer liegenden Flächen könnten hier störend sein.

Mikro-Elektro-Mechanische Systeme

Eine weitere Möglichkeit der Polierpfadaufnahme ist die Lokalisierung durch eine Inertial Messeinheit zu realisieren. Eine solche Messeinheit besteht aus mehreren Inertialsensoren und wird häufig auch als IMU bezeichnet (Inertial Measurement Unit). Ein IMU misst die Beschleunigung in allen drei Raumrichtungen sowie die Winkelbeschleunigung um die Raumachsen.

Über die einfache mathematische Beziehung von Beschleunigung zu zurückgelegter Wegstrecke lässt sich die Position des Sensors zu einem Referenzpunkt jederzeit bestimmen.

Der Nachteil bei der Lokalisierung durch Messung der Beschleunigung ist, dass Messfehler integriert werden und die Messung nach einer bestimmten Zeit zu ungenau wird. Deswegen müsste zwischenzeitlich das Messsystem immer wieder neu referenziert werden.

Magnetische Systeme

3D-Hall-Sensoren messen Entfernung durch Veränderungen des magnetischen Felds dreidimensional und könnten somit auch potentiell für die Lokalisierung verwendet werden. Hierzu wird ein magnetisches Feld benötigt, was durch einen Magnetspanntisch realisiert werden könnte. Aktuelle 3D-Hall-Sensoren haben eine maximale Reichweite von 10 cm, was eine Einschränkung der Werkstückdimensionen zur Folge hätte.

Bestimmung des Polierpfades über Berechnung der Kraftangriffspunkte

Ein anderer Ansatz, den Polierpfad zu bestimmen, ist die Bestimmung des Kraftangriffspunkts. Hierbei gilt:

$$\vec{M} = \vec{F} \times \vec{r} \qquad \textbf{2.6}$$

$\vec{M}$: Drehmoment | $\vec{F}$: Kraft | $\vec{r}$: Hebelarm

Das Drehmoment entspricht hierbei dem Kreuzprodukt aus Kraft und Hebelarm. Dieser Ansatz wird bereits bei Dynamometern in der Biomechanik genutzt. Über eine Kraftmessung mit zusätzlicher Drehmomentmessung kann der Kraftangriffspunkt berechnet werden.

Der große Vorteil der Lokalisierung durch Berechnung der Kraftangriffspunkte ist, dass eine Kraftmessung bereits vorgesehen ist, somit Synergien genutzt werden und kein zusätzliches System benötigt wird. Es entsteht auch keine Beeinflussung des Anwenders in der Ausübung seiner Tätigkeiten, da das System indirekt misst.

2.4.3 Signalanalyse und Visualisierung

Signal analysis and visualization

Die Weiterverarbeitung der erfassten Messsignale ist ein weiterer wichtiger Bestandteil der Prozessüberwachung. Hier können Störquellen aufgedeckt und Fehler identifiziert werden. Heutzutage erfolgt die Analyse meist komplett softwareseitig. Die Mess-Software „LabVIEW" Abkürzung für: **Lab**oratory **V**irtual **I**nstrument **E**ngineering **W**orkbench ist für den Bereich der Prozessüberwachung vor allem in der Forschung ein weitverbreitetes Werkzeug.

LabVIEW ist eine grafische Datenfluss-Programmiersprache und findet vor allem in der Mess- und Automatisierungstechnik Anwendung. Die Programme werden als „Virtuelle Instrumente" (kurz: VI's) bezeichnet.

Im Zusammenhang mit LabVIEW wird des Öfteren von Prozessvisualisierung gesprochen, da im Gegensatz zu regulären Programmiersprachen nicht zeilenweise Anweisungen niedergeschrieben werden, sondern mit Hilfe von Funktionsblöcken der Prozess nachgestellt wird. Hierzu besteht jedes VI aus einer Bedienoberfläche, dem so genannten „Frontpanel" und dem Code-Bereich, dem „Blockdiagram".

Mit Hilfe vordefinierter Bausteine, die von einfachen Operationen wie Addition, Subtraktion, Division oder Multiplikation bis hin zu komplexen Funktionen wie Fourier-Transformation oder Matrizenoperationen reichen, können die gewünschten Anforderungen programmiertechnisch umgesetzt werden [GEOR06].

In der Industrie sind im Zusammenhang mit Speicherprogrammierbaren Steuerungen (SPS) zwei Visualisierungs-Systeme weit verbreitet:

- SIMATIC WinCC der Firma Siemens AG [SIEM16]
- InTouch der Firma. Wonderware [SCHN16]

Im Gegensatz zu LabView können diese sehr komplexen Software-Werkzeuge den Prozess nicht nur überwachen, sondern die komplette Produktion mit Hilfe von Bedien-Panels oder PC-Systemen bedienen.

3 Fraktal-Theorie

Fractal-Theory

3.1 Definition von Fraktalen

Definition of Fractals

Der Begriff Fraktal lat. *fractus* „gebrochen", vom lat. Verb *frangere* („in Stücke zerbrechen") wurde erstmals von Benoît Mandelbrot verwendet [MAND87]. Mandelbrot bezeichnete damit Gebilde, deren Punktmenge eine nichtganzzahlige Dimension haben. Eines der bekanntesten fraktalen Muster ist daher die Mandelbrotmenge (siehe Abbildung 3-1), die auch als „Apfelmännchen" in vielen Literaturstellen zu finden ist (z.B. [BRIG90], [KROE00], [NIEM84], [PEIT86]).

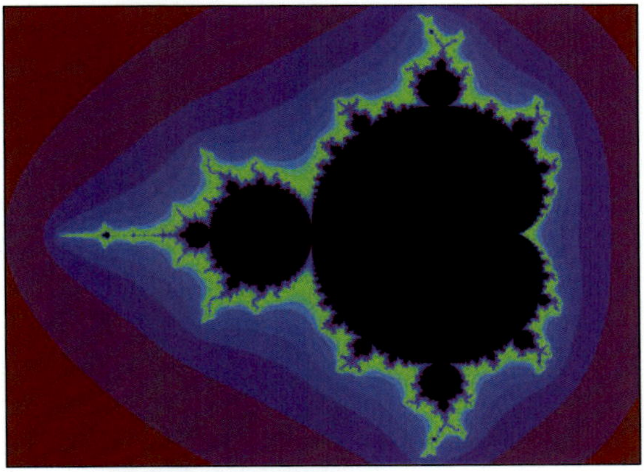

Abbildung 3-1: Fraktales Muster – Mandelbrotmenge

Fractal pattern – Mandelbrot batch

Bis heute gibt es keine einheitliche Definition für den Begriff des Fraktals. Oftmals existieren Sonderformen der Fraktale, die spezielle Definitionen ausschließen. Einige Definitionen sollen zum Verständnis im Folgenden dennoch aufgeführt werden:

„Eine Menge heißt Fraktal, wenn sie selbstähnlich ist, durch Iteration konstruiert werden kann und zu unregelmäßig ist, um mit den Mitteln der euklidischen Geometrie beschrieben zu werden." [SPRI08]

„Fraktal ist:

- das Ergebnis eines unendlich wiederholten rekursiven Erzeugungsprozesses.
- ein Objekt, dem als Dimension eine nichtganzzahlige Zahl zugeordnet wird.
- eine Kurve, die über eine charakteristische Länge verfügt, d.h. unendlich lang ist.
- ein Objekt, das auf jeder Größenskala aus mehreren gleichgroßen Teilen, die exakte Kopien des Ganzen sind, besteht.

Zusammenfassend kann gesagt werden, dass ein Fraktal die Eigenschaften einer gebrochenen Dimension und der Selbstähnlichkeit aufweisen muss." [OTTE10]

„Ein Fraktal ist nach Definition eine Menge, deren Hausdorff-Besicovitsch-Dimension die topologische Dimension übersteigt." [MAND87] Eines der bekanntesten Fraktale ist die Koch-Kurve.

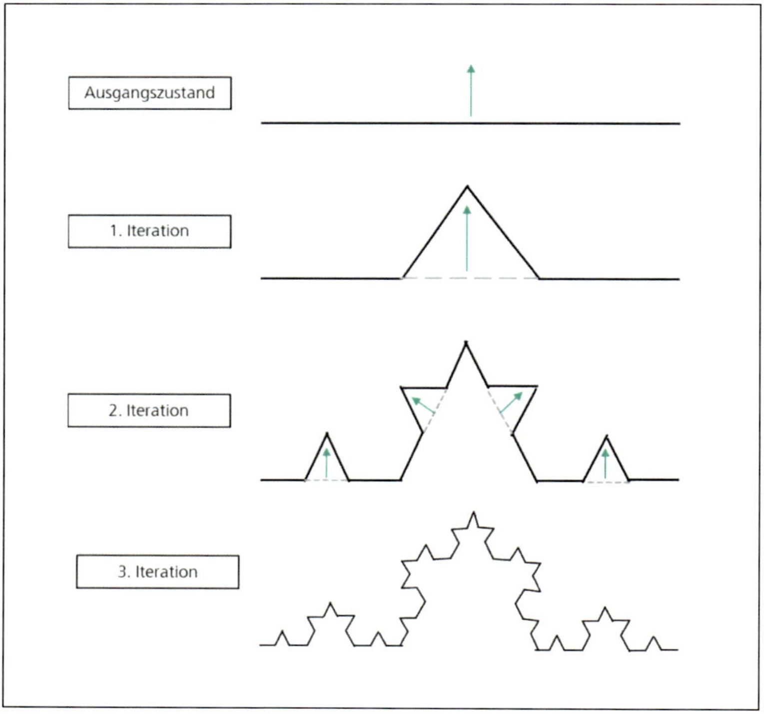

Abbildung 3-2: Entstehung der Koch-Kurve
Formation of the Koch-curve

Die Koch-Kurve ist ein durch Iteration erzeugtes Fraktal. In Abbildung 3-2 werden die ersten drei Schritte einer Iteration zur Entstehung der Koch-Kurve schematisch dargestellt. Die Iteration beginnt mit einem Streckenstück der Länge eins. Im ersten Iterationsschritt wird diese Strecke in drei gleiche Teile aufgeteilt, das mittlere Teilstück durch zwei Strecken der Länge 1/3 zu einem gleichseitigen Dreieck ergänzt und schließlich gestrichen, so dass eine Kurve entsteht.

Im nächsten Iterationsschritt wird auf gleiche Weise mit den vier verbleibenden Teilstrecken verfahren und jeweils für das Mittelstück zwei Strecken der Länge 1/9 eingesetzt.

In jedem weiteren Iterationsschritt wird diese Konstruktion nun auf den verbleibenden Teilstrecken fortgesetzt. Die Koch-Kurve ist das Ergebnis der unendlichen Durchführung dieser Iteration.

Die Koch-Kurve zeigt einige Besonderheiten, die bei Fraktalen häufig auftreten. Sie ist selbstähnlich, das heißt, die ganze Kurve findet sich verkleinert in einem Teil der Kurve wieder. So entspricht der Teil der Kurve, der auf einem der beiden äußeren 1/3-Teilstücken der ersten Iteration aufbaut, mit dem Faktor drei vergrößert, wieder der gesamten Koch-Kurve. Des Weiteren hat die Koch-Kurve eine unendliche Länge, da diese in jedem Iterationsschritt um den Faktor 4/3 vergrößert wird.

Es wird zwischen exakter (oder strikter) Selbstähnlichkeit und endlicher Selbstähnlichkeit entschieden. Exakte Selbstähnlichkeit beschreibt die unendliche Vergrößerung eines Objekts und Wiederfindung derselben Muster in diesem und ist daher nur bei mathematischen Konstruktionen wie zum Beispiel der Cantormenge [WELZ09]; [LEIP11], der hier beschriebenen Koch-Kurve [LEIP11] oder dem Sierpinski-Dreieck [WALS08] zu finden. Ist ein Fraktal exakt selbstähnlich, so ist es skaleninvariant, das heißt bei unterschiedlicher Skalierung bleiben die Eigenschaften gleich.

In der Natur hingegen tritt keine exakte, sondern eine endliche Selbstähnlichkeit auf, da eine unendliche Vergrößerung dort nicht existiert. Sie ist in der Natur oft zu finden, so zum Beispiel beim Blumenkohl (bei Romanesco besonders gut zu sehen), Bäumen, Blitzen und Blutgefäßen. Um die Naturphänomene und den Einsatz der Fraktale in der Wissenschaft näher zu erläutern, bedarf es vorerst einer vereinfachten mathematischen Definition des Dimensionsbegriffs der Fraktale.

3.2 Mathematische Beschreibung von Fraktalen

Mathematical description of fractals

Für die Untersuchung von fraktalen Mengen sind die herkömmlichen Methoden der Geometrie und Analysis unbrauchbar. Die wesentliche Analysemethode für Fraktale besteht in vielfältigen Dimensionsbegriffen. Wie schon in der Definition nach Mandelbrot erwähnt, liegt die Besonderheit der Fraktale darin, dass sie (in den meisten Fällen) eine gebrochene Dimension (D) besitzen.

Allgemein wird unter dem Begriff der Dimension die Anzahl der Freiheitsgrade verstanden, mit der sich in einem bestimmten Raum bewegt werden kann. Auf einer Linie kann nur entlang der Linie gelaufen werden, was einer Richtung entspricht; die Linie ist somit eindimensional (D = 1). In einer Ebene kommt die Bewegung nach links beziehungsweise rechts hinzu. Dies entspricht einem weiteren Freiheitsgrad womit die Ebene zweidimensional ist (D = 2). Der euklidische Raum, der Raum, in dem wir uns selbst bewegen, lässt zusätzlich die Bewegung nach oben oder unten zu, was ihn zum dreidimensionalen Raum macht (D = 3). Liegt die Dimension allerdings zwischen 1 und 3 vor (Bsp. Koch-Kurve mit einer Dimension von D= 1,26 – Abbildung 3-2) spricht man von einer gebrochen rationalen Dimension. Im Folgenden wird auf die Berechnung der Boxcounting-Dimension eingegangen, welche für die Pfadanalyse eingesetzt werden soll.

Boxcounting-Dimension

Für die Berechnung der Boxcounting-Dimension D_{Box} wird ein Gitter mit der Gitterbreite w über die zu messende Menge gelegt und die Felder, in denen Teile dieser Menge enthalten sind, werden gezählt. Als nächstes wird der Quotient aus dem Logarithmus der Anzahl N(w) der gefüllten Felder und dem Logarithmus des Kehrwertes der Gitterbreite w gebildet.

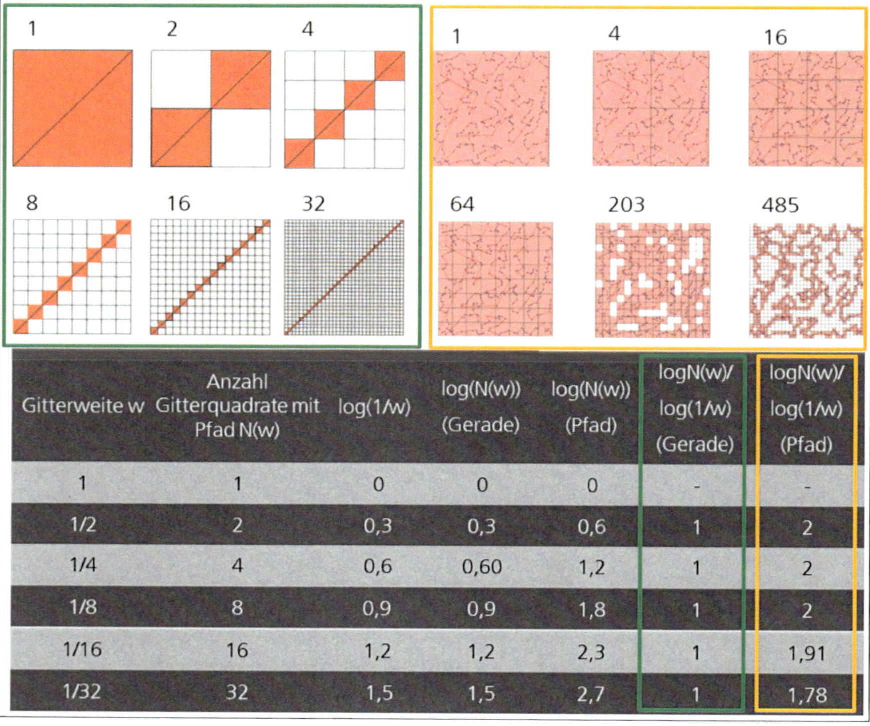

Gitterweite w	Anzahl Gitterquadrate mit Pfad N(w)	log(1/w)	log(N(w)) (Gerade)	log(N(w)) (Pfad)	logN(w)/ log(1/w) (Gerade)	logN(w)/ log(1/w) (Pfad)
1	1	0	0	0	-	-
1/2	2	0,3	0,3	0,6	1	2
1/4	4	0,6	0,60	1,2	1	2
1/8	8	0,9	0,9	1,8	1	2
1/16	16	1,2	1,2	2,3	1	1,91
1/32	32	1,5	1,5	2,7	1	1,78

Abbildung 3-3: Berechnung der Box-Dimension am Beispiel einer Geraden und einem Random-Pfad

Calculation of box dimension e.g. line and random path

Die Boxcounting-Dimension D_{Box} ist dann der Grenzwert dieses Quotienten für die immer kleiner werdende Gitterbreite w.

$$D_{Box} = \lim_{w \to 0} \frac{\log N(w)}{\log(\frac{1}{w})} \quad \textbf{3.1}$$

Abbildung 3-3 zeigt die Vorgehensweise bei der Berechnung der Box-Dimension am Beispiel einer Geraden und einem willkürlichen Pfad. Im Folgenden wird in dieser Ausarbeitung für die Berechnung der Dimension eines Fraktals die Boxcounting-Dimension D_{Box} verwendet.

3.3 Fraktale in Natur und Wissenschaft

Fractals in nature and science

Nach der Formulierung des mathematischen Begriffs der Dimension soll das folgende Kapitel einen kurzen Einblick darüber geben, dass Fraktale in unserem alltäglichen Leben existieren. In den Bereichen der Natur werden viele Phänomene durch die Theorie der Fraktale beschrieben; ebenso macht sich die Wissenschaft diese Algorithmen zu Nutze.

3.3.1 Fraktale Blitze

Fractal lightning

Blitze sind die am häufigsten zu sehenden, fraktalen Naturphänomene. Sie sind die Funkenentladungen der elektrostatischen Aufladung der Gewitterwolken. Offensichtlich nehmen Blitze nicht den kürzesten Weg von den Wolken zur Erdoberfläche. Ganz im Gegenteil sind sie gebrochene, gewundene und verzweigte Aneinanderreihungen von Lichtbögen unterschiedlicher Länge.

Bis zur Erfindung des Blitzableiters durch Benjamin Franklin im Jahr 1750, der so die Blitze auch als elektrische Entladungen enttarnte, waren die Menschen dieser Naturgewalt hilflos ausgeliefert. Zur Verbesserung des Schutzes vor Blitzeinschlägen wurden Modelle von „Blitzbahnen" (engl. Begriff: lightning channel bzw. lightning leader) unerlässlich. Ein erstes fraktales Modell eines Lichtbogens entwickelten Niemeyer und Pietronero [NIEM84]. Sie zeigten, dass planare Lichtenberg Figuren [LICH11] eine fraktale Dimension von ungefähr 1,7 aufweisen. Die Ergebnisse verwendeten Petrov et al. [PETR03], um sie auf die Modellierung von Blitzen anzuwenden.

J.A. Valdivia [VALD97] verwendete die Fraktal-Theorie, um ein Modell für sogenannte Red Sprites zu entwickeln und V. P. Pasko [PASK00] leitete ein Modell für Blue Jets her. Red Sprites und Blue Jets sind die Bezeichnungen zweier unterschiedlicher Blitzphänomene, die sich über Gewitterwolken in der Mesos- und der Stratosphäre abspielen.

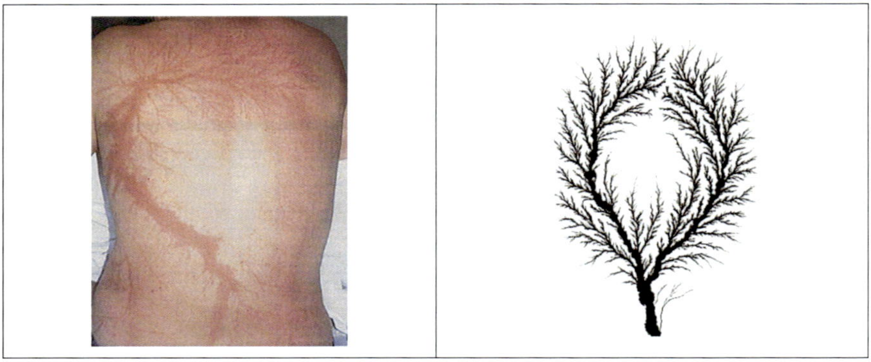

Abbildung 3-4: Verbrennungsmuster durch Blitzeinschlag [BLIT16] und Lichtenberg-Figur [LICH11]

Burning pattern after direct lightning strike and Lichtenberg figure

J. A. Riousset et al. [RIOU07] stellten 2007 ein dreidimensionales fraktales Modell für Blitzentladungen innerhalb und zwischen der Entstehung von Gewitterwolken vor. Des Weiteren fand der fraktale Ansatz bei Petrov et al. 2003 zur Modellierung der Einschlagwahrscheinlichkeit eines Blitzes in erdnahe Objekte Anwendung. J. He et al. und X. Zhang et al. [HEJI09] nutzten das fraktale Modell, um Blitzeinschläge auf Hochspannungsleitungen und freistehende Blitzableiter zu untersuchen.

H. J. ten Duis et al. [TEND87] zeigten, dass die durch einen Blitzeinschlag verursachten Verbrennungen der Haut ein fraktales Muster aufweisen (Abbildung 3-4). Weiterhin wurde gezeigt, dass die Art einer solchen Verletzung Rückschlüsse auf den Typen des Blitzes und die Einschlagart zulässt.

3.3.2 Fraktale Antennen

Fractal antenna

Die Idee, eine Antenne in der Form eines Fraktals zu konstruieren, wurde erstmals 1988 von Dr. Nathan Cohen aufgegriffen. Er nutzte die hohen Selbstähnlichkeitseigenschaften der Fraktale. Die so entstandenen Antennen zeichneten sich durch eine große Bandbreite mit hoher Sende- und Empfangsleistung aus (was durch die verschiedenen Skalengrößen der Teilsegmente bewirkt wird). Hinzu kommt, dass die fraktalen Antennen mit deutlich weniger Platz auskommen, da sie eine große Kantenlänge auf einem kleinen Raum unterbringen.

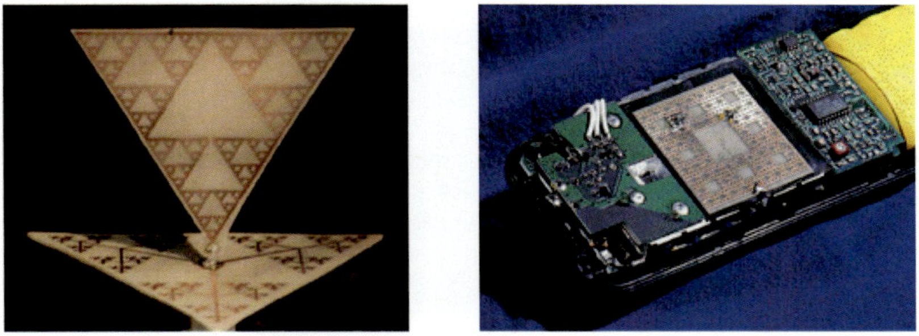

Abbildung 3-5: Sierpinski-Antenne (li.), Telefon mit Sierpinski-Teppich (re.)
Sierpinski antenna and fractal antenna in mobile phone on basis of Sierpinski carpet

Heute werden fraktale Antennen in vielen Anwendungsbereichen angetroffen. Die Mobilfunktechnologie, vor allem Smartphones, nutzen fraktale Antennensysteme (Abbildung 3-5, rechts). Sie finden des Weiteren in der RFID-Technologie und bei der Herstellung von Metamaterialien Verwendung. Bei letzteren handelt es sich um künstlich hergestellte Materialien oder Strukturen, die Eigenschaften aufweisen, die in der Natur nicht vorkommen. So lassen sich zum Beispiel Materialien mit negativem Brechungsindex herstellen, die dazu verwendet werden können, Gegenstände „unsichtbar" oder Räume beobachtbar zu machen, die normalerweise nicht zugänglich sind.

3.3.3 Fraktale Augenbewegung
Fractal eye movement

„Augenbewegungen (Synonyme: Okulomotorik, Augenmotilität) sind die Gesamtheit aller motorischen Ausdrucksformen und Varianten, die den Augäpfeln (Bulbi oculi) zur Verfügung stehen, sich bewusst oder unbewusst, willkürlich oder unwillkürlich in unterschiedliche Richtungen drehen zu können (oder drehen zu lassen)." [BIEL11]

Es gibt verschiedene Ansätze, in denen Augenbewegungen mit fraktalen Bewegungen in Zusammenhang gebracht wurden. Einige Beispiele seien im Folgenden aufgelistet.

Eine allgemeine Beschreibung der Nutzung fraktaler Charakterisierungen für physiologische Signale erstellten Eke et al. [EKEA02]. Schmeisser 2001 auf [SCHM01] zeigte Unterschiede im Leseverhalten, beziehungsweise Leseschwächen, anhand der fraktalen Dimension der Augenbewegung und der Leistungsspektraldichte auf. Schmeisser et al. leiteten eine direkte Verbindung zwischen der fraktalen Dimension der Augenbewegung beim Lesen und der qualitativen Bewertung der Lesefähigkeit her. Wie Aks et al. [AKSD02] zeigten, entspricht die Folge der absoluten Augenpositionen bei der optischen Suche einem Random Walk mit fraktaler Dimension. Fairbanks [FAIR11] ging in seiner Veröffentlichung noch einen Schritt weiter, in dem er die fraktale Dimension beim Beobachten von fraktalen Bildern berechnete. In seinen Analysen kam er auf eine gemittelte Dimension von D = 1,5.

Dieser fraktale Pfad beschreibt den so genannten „Lévy Flug" [TAYL05], mit dem der Mathematiker Paul Lévy das Bewegungsverhalten von Tieren auf Basis der Fraktaltheorie mathematisch beschrieben hat. Da die Augenbewegungen bei Beobachtung eines Bildes analog zum Lévy Flug einem fraktalen Pfad mit berechenbarer Boxdimension folgen, entstand die Hypothese für diese Dissertation, dass die Augenbewegungen auch die Handbewegungen des Polierers steuern, da dieser ebenfalls auf die zu polierende Fläche schaut. Wenn dieses „Beobachten der Fläche" einem fraktalen Muster entspricht, müsste der Polierpfad, der anschließend abgefahren wird, auch einem fraktalen Muster entsprechen. Diese These wird in Kapitel 5 mit Hilfe eines Prüfstands verifiziert.

4 Zielsetzung und Aufgabenstellung

Objectives and Description of Work

Ziel dieser Arbeit ist die Entwicklung eines Modells zur Beschreibung der Bewegungsabläufe des manuellen Polierprozesses. Wie im Stand der Technik erläutert, wurde der manuelle Polierprozess bisher während des Bearbeitungsvorgangs noch nie oder nicht ausreichend genau messtechnisch analysiert.

Im Rahmen dieser Arbeit sollen durch den Aufbau einer sensorintegrierten Handpolierstation die Messgrößen Anpresskraft, Drehzahl, Polierdauer und Polierpfad erstmals während des Handpolierens aufgezeichnet werden. Anschließend soll eine Analyse der Messdaten erfolgen, wobei der Polierpfad in Bezug auf die Existenz fraktaler Geometrien (wiederkehrender Bewegungsmuster) im Vordergrund stehen soll.

Ableitend daraus wird folgende **Forschungshypothese** aufgestellt:

Die komplexen Handbewegungen des Polierers können mit Hilfe mathematischer Algorithmen auf Basis der Fraktal-Theorie beschrieben und somit systematisiert werden.

Die wissenschaftliche Herausforderung hierbei ist, die Komplexität der Handbewegung des Polierers aufzulösen, mit logischen Modellen möglichst genau zu beschreiben und zu gewährleisten, dass die verbleibende Unsicherheit des Prozesses minimiert wird.

Die Aufnahme des Polierpfads soll durch die Messung der Kraft und die anschließende Berechnung der Kraftangriffspunkte erfolgen. Zusätzlich werden weitere Einflussgrößen berücksichtigt, um den manuellen Polierprozess zu erfassen. Die Arbeit gliedert sich in drei Teilbereiche:

- Aufbau einer sensorintegrierten Polieranlage
- Entwicklung und Validierung eines Algorithmus zur Pfadanalyse
- Experimentelle Anwendung des Algorithmus

Hieraus leiten sich folgende Forschungsfragen ab:

1) Können die komplexen Bewegungen des manuellen Polierens durch Kraftmessung in einem Polierpfad dargestellt werden?
2) Können aus diesem Polierpfad wiederkehrende Bewegungsmuster abgeleitet werden?
3) Kann diese Analyse des Polierpfads automatisiert werden?

Die Forschungsmethodik folgt hierbei dem Forschungsprozess der angewandten Wissenschaft nach Ulrich [ULRI84] und baut auf folgender Vorgehensweise auf (Abbildung 4-1):

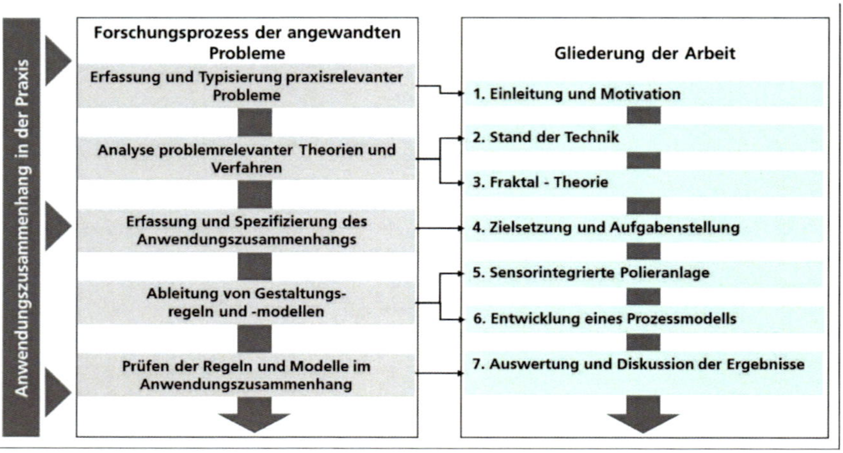

Abbildung 4-1: Gliederung der Dissertation anhand des Forschungsprozesses von Ulrich

Outline of dissertation on basis of the scientific process of Ulrich

Nach der Beschreibung des Stands der Technik folgt in Kapitel 3 eine Literaturübersicht zum Thema Fraktal-Theorie. Dieses Kapitel wurde bewusst vom Stand der Technik getrennt, da es für Punkt 4 des Modells von Ulrich „Ableiten von Gestaltungsregeln und -modellen" richtungsweisend ist.

Nach dem Kapitel „Zielsetzung und Aufgabenstellung" wird in Kapitel 5 der Aufbau einer sensorintegrierten Polieranlage erläutert. Es sei angemerkt, dass der Versuchsaufbau in Kapitel 5 unabhängig vom Werkstoff genutzt werden kann. Aufgrund der Vielzahl von Werkstoffen und Einflussparametern wird in dieser Dissertation lediglich der im Werkzeug- und Formenbau gängige Warmarbeitsstahl X38CrMoV5-1 / 1.2343 (in ESU-Qualität) und der Kunststoff-Formenstahl 40CrMnNiMo 8-6-4 / 1.2738 betrachtet.

Kapitel 6 beinhaltet den Versuchsplan, die Entwicklung und Validierung eines Algorithmus zur Bewegungsanalyse des Polierwerkzeugs auf Basis fraktaler Geometrien. Die Auswertung und Diskussion des Prozessmodells erfolgt anhand experimenteller Untersuchungen in Kapitel 7 inklusive des Transfers der Ergebnisse auf ein Robotersystem.

5 Sensorintegrierte Polieranlage

Sensor-integrated polishing system

Mit Hilfe einer sensorintegrierten Polieranlage wird der manuelle Polierprozess analysiert, um ein tieferes Prozessverständnis durch die Generierung eines Prozessmodells zu erlangen und um Polierstrategien zu entwickeln. Hierfür werden die für den Polierprozess relevanten Einflussparameter Prozesskraft, Drehzahl und Polierpfad aufgezeichnet. Mit der Software LabView wird eine Programmumgebung entwickelt, welche es dem Anwender ermöglicht, einerseits den Prozess während der Bearbeitung zu beobachten und andererseits die Prozessparameter aufzuzeichnen, um anschließend eine Messdatenauswertung des Prozesses vornehmen zu können. Nachfolgende Tabelle 5-1 beschreibt die notwendigen Mindestanforderungen an das aufzubauende Messsystem.

Merkmale	**Anforderungen**
Kompatible Poliersysteme	JOKE Flex und Eneska
Polierkinematik	rotatorisch, translatorisch
Werkstück	
max. Abmessung	$d_{Werkstück} < 300$ mm
Material	gehärteter und ungehärteter Stahl
max. Gewicht	200 kg (lt. Herstellerangabe des Tisches)
Messbereich	
Polierpfad	X-Richtung: -150 bis 150 mm; Y-Richtung: -150 – 150 mm
Prozesskraft (Betrag)	0 – 2500 N in Z-Richtung 0 – 100 N in X,Y-Richtung
Drehzahl (Betrag)	0 – 40.000 min^{-1}
Genauigkeiten	
Polierpfad	2 mm
Prozesskraft	±1 N
Drehzahl	100 min^{-1}
Software (vorhanden)	
Betriebssystem	Windows 7 + LabVIEW 8.5

Tabelle 5-1: Anforderungen des Messsystems

Requirements to measuring system

5.1 Identifizierung geeigneter Sensorik und Aktorik

Identification of applicable sensors and actors

Die Auswahl der Sensoren wird mit Hilfe von Paarvergleichsmatrizen durchgeführt. Für eine vereinfachte Darstellung wird für die Paarvergleichsmatrizen eine Symbol-Skala verwendet, siehe Tabelle 5-2.

Symbol	Wert	Bezeichnung
– –	-2	Wesentlich schlechter
–	-1	Schlechter
0	-0	Vergleichbar
+	+1	Besser
++	+2	Wesentlich besser

Tabelle 5-2: Skala der Paarvergleichsmatrizen

Scale of the paired comparison matrix

In den folgenden Kapiteln werden die in Kapitel 2.4.2 vorgestellten Komponenten zur Messung der Drehzahl, Kraft und zur Aufnahme des Polierpfades miteinander verglichen und die für den Versuchsaufbau am besten geeignete Variante ausgewählt.

5.2 Bewertung Drehzahlsensoren

Evaluation of sensors for measuring rotational speed

Aus dem Paarvergleich (siehe Tabelle 5-3) und den Erläuterungen aus Kapitel 2.4.2 geht hervor, dass die Drehzahlmessung über die Motorsteuerspannung sehr gut für die Aufnahme während des Polierprozesses geeignet ist. Hierfür ist kein Umbau der Handstücke nötig und sie kann kostengünstig in die Anlage integriert werden.

	Inkremental-drehgeber	Absolut-geber	Hall-Sensor	Motorsteu-erspannung	Summe
Inkremental-drehgeber		+	++	-	**2**
Absolutgeber	-		-	--	**-4**
Hall-Sensor	--	+		--	**-3**
Motorsteuer-spannung	+	++	++		**5**

Tabelle 5-3: Paarvergleich – Drehzahlsensoren

Paired comparison – speed sensors

5.3 Bewertung der Kraftsensoren

Evaluation of force sensors

Folgende Kriterien sind Bewertungsgrundlage für die Auswahl der Sensorik:

- Kraftmessung soll unabhängig vom Poliersystem erfolgen und mit unterschiedlichen Handstücken, Poliermittelträgern und Polierkinematiken möglich sein (Flexibilität)
- Genauigkeit von ±1 N
- Betrag und Richtung der vektoriellen Prozesskraft müssen ermittelbar sein (Informationen)
- Wiederholgenauigkeit des Messsystems
- Beeinträchtigung der Handhabung

	Flexibilität (GF 2)	Genauigkeit (GF 1)	Informationen (GF 2)	Wiederholgenauigkeit (GF 2)	Kosten (GF 1)	Beeintr. d. Handhabung (GF 2)	Summe
Indirekt	1	1	2	1	2	1	15
Direkt	0	2	1	2	1	0	9

Tabelle 5-4: Bewertung der Messart für die Kraftmessung

Evaluation of the force measurement possibilities

Die Bewertung in Tabelle 5-4 ergibt, dass die indirekte Messung der Kraft zu bevorzugen ist, da diese eine höhere Flexibilität zulässt, ohne dabei die Handhabungseigenschaften zu beeinträchtigen. Da der manuelle Polierprozess vor allem als Handwerk verstanden wird, ist dies eine wesentliche Anforderung an das Messsystem.

Die indirekte Messung weist eine höhere Flexibilität auf, da sie für mehrere Handstücke eingesetzt werden kann, im Gegensatz dazu muss bei der direkten Messung jedes Handstück mit einem Sensor ausgerüstet werden. Dies ist auch der Grund, warum die Beeinträchtigung der Handhabungseigenschaften bei der direkten Messart wesentlich schlechter bewertet ist. Die Handstücke sind sehr filigran, weswegen ein Umbau unvermeidlich zu einer Beeinträchtigung des Handlings führt.

Ein weiterer Vorteil bei der indirekten Messart ist die Möglichkeit, mit mehreren Sensoren weitere Informationen über die Kraft zu ermitteln. So ist es zum Beispiel möglich, mit Hilfe von drei Kraftsensoren die Kraftkomponenten in allen drei Raumrichtungen (X,Y,Z) sowie die Momente um den Ursprung des Messsystems zu messen und somit die Größe und die Lage der resultierenden Kraft zu bestimmen. Obwohl Dehnungsmessstreifen (DMS) einen Vorteil im Bereich Langzeitstabilität und Kosten gegenüber den piezoelektrischen Kraftaufnehmern aufweisen, sind diese für den geforderten Einsatz weniger geeignet. Sollen Kräfte in allen Raumrichtungen (X-, Y- und Z-Richtung des globalen Koordinatensystems) detektiert werden, so müssen die DMS entkoppelt werden, da diese nicht quer beansprucht werden dürfen.

Da vor allem die Kräfte in X- und Y-Richtung sehr klein, im Bereich von 0-20 N sein werden, muss die Entkopplung nahezu verlust- bzw. reibungsfrei sein. Die Konstruktion der Entkopplung der DMS sowie der Aufnahme benötigt im Vergleich zu der für piezoelektrische Kraftaufnehmer einen wesentlich höheren Aufwand, was gleichzeitig mit steigenden Kosten verbunden ist.

	Dehnungsmessstreifen (DMS)	Piezoelektrischer Kraftsensor	Mehrkomponentenkraftaufnehmer (piezoelektrisch)	Mehrkomponentenkraftaufnehmer (DMS)	Dynamometer	Kraftmessfolie	Messhandschuh	Summe
Dehnungsmessstreifen (DMS)		-	--	-	--	+	+	-4
Piezoelektrischer Kraftsensor	+		-	-	-	+	+	0
Mehrkomponentenkraftaufnehmer (piezoelektrisch)	++	+		+	-	++	++	7
Mehrkomponentenkraftaufnehmer (DMS)	+	+	-		-	++	++	6
Dynamometer	++	+	+	+		++	++	9
Kraftmessfolie	-	-	--	--	--		-	-9
Messhandschuh	-	-	--	--	--	+		-7

Tabelle 5-5: Paarvergleich – Kraftsensoren

Paired comparison – force sensors

Ein weiterer wichtiger Punkt für die Auswahl der Sensorik ist der Messbereich. Die DMS werden an einem Verformungskörper angebracht, welcher auf den entsprechenden Messbereich abgestimmt ist. Mit größerem Messbereich sinkt die Genauigkeit. Piezoelektrische Kraftaufnehmer bieten hier den Vorteil, dass diese trotz großer Vorbelastung kleine Kräfte messen können und somit eine größere Flexibilität für das Messsystem entsteht.

Aufgrund der diskutierten Vor- und Nachteile der einzelnen Systeme und unterschiedlichen Messarten, erzielt das Dynamometer die höchste Bewertung (Tabelle 5-5) und wird daher für den Aufbau der Polierstation ausgewählt.

5.4 Bewertung der Sensorik zur Pfadaufnahme

Evaluation of sensors for measuring the polishing path

	Kamerasystem + NI Vision	Intertialsensor	3D Hall-Sensor	Messarm	Tracking über Kraftangriffspunkt	Summe
Kamerasystem + NI Vision		0	+	++	-	3
Intertialsensor	0		0	+	-	1
3D Hall-Sensor	-	0		+	-	0
Messarm	--	-	-		--	-7
Tracking über Kraftangriffspunkt	+	+	+	++		7

Tabelle 5-6: Paarvergleich – Messen des Polierpfads

Paired comparison – polishing path

Der Paarvergleich (Tabelle 5-6) zeigt, dass die Lokalisierung durch Bestimmung des zeitlichen Verlaufs der Kraftangriffspunkte am besten die Anforderungen der Anwendung erfüllt. Die Line-of-Sight-Herausforderung (freie Sicht vom Sensor zum Polierwerkzeug) optischer Systeme und größere Umbauten der Handstücke der anderen Systeme beeinflussen den Anwender zu stark in der Ausführung seiner Tätigkeiten. Tabelle 5-7 auf der folgenden Seite zeigt die Vor- und Nachteile der unterschiedlichen Systeme nochmals auf einen Blick.

	Pro	Contra
Kamerasystem	• Kann für mehrere Zwecke verwendet werden, z.B. automatisierte Sichtkontrolle	• teuer • aufwendige Programmierung • Line-of-Sight benötigt
Inertialsensor (IMU)	• klein • preiswert	• Messfehler kumulieren über die Zeit
3D Hall-Sensor	• sehr hohe Genauigkeit • preiswert	• maximale Reichweite von 10 cm
Messarm	• einfache Implementierung hohe Genauigkeit	• sehr teuer • Handling des Anwenders wird stark eingeschränkt durch die Trägheit des Messarms
Erfassung über Kraftangriffspunkt	• Sensoren vorhanden • keine Veränderung der Handstücke • Handling wird nicht beeinträchtigt	• aufwendige Programmierung, Drift und Übersprechen, müssen rausgefiltert werden

Tabelle 5-7: Vor- und Nachteile der Lokalisierungssysteme
Pros and Cons of localisation systems

Zusammenfassend wird für den Aufbau der sensorgestützten Polieranlage für die Kraftmessung und Polierpfadbestimmung ein Dynamometer eingesetzt, welches sich aus 3 Triaxial-Kraftsensoren mit integrierten Ladungsverstärkern zusammensetzt. Die Drehzahlmessung wird mit Hilfe von selbst erstellter Elektronik aus den Steuereinheiten ausgelesen.

Das folgende Kapitel 5.5 beschreibt den finalen Aufbau der sensorintegrierten Polieranlage, die Systemintegration der Messsensoren und der Programmierung der Prozessüberwachung.

5.5 Aufbau des Messsystems

Setting up test bench

Das Messsystem (Abbildung 5-1) besteht aus drei Triaxial-Kraftsensoren, welche zu einem Dynamometer zusammengebaut wurden, sowie einem Drehzahlsensor, der die Drehzahl aus dem Steuerstrom der Versorgungseinheit des Polierwerkzeugs bestimmt. Der Drehzahlsensor ist in der Steuereinheit des Polierwerkzeugs integriert (in der Abbildung nicht zu sehen). Alle einzelnen Komponenten des Aufbaus werden in folgenden Kapiteln weiter erläutert.

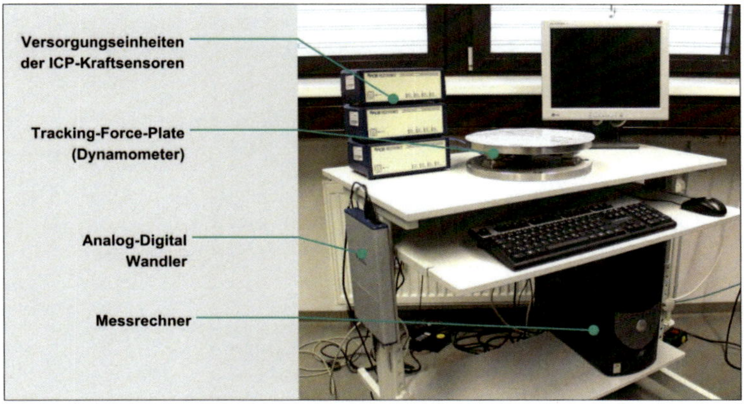

Abbildung 5-1: Laboraufbau des Messsystems
Experimental Setup of Measuring system

Abbildung 5-2 zeigt die entsprechende Messkette des aufgebauten Systems. Die Triaxial-Kraftsensoren besitzen einen integrierten Ladungsverstärker und müssen mit einer speziellen Versorgungseinheit betrieben werden. Alle Sensoren liefern ein analoges Signal zwischen ± 10 Volt. Ein Analog-Digital-Wandler von National Instruments speichert die Messwerte in einem integrierten Speicher und bereitet die Signale für die Weiterverarbeitung mittels LabVIEW auf.

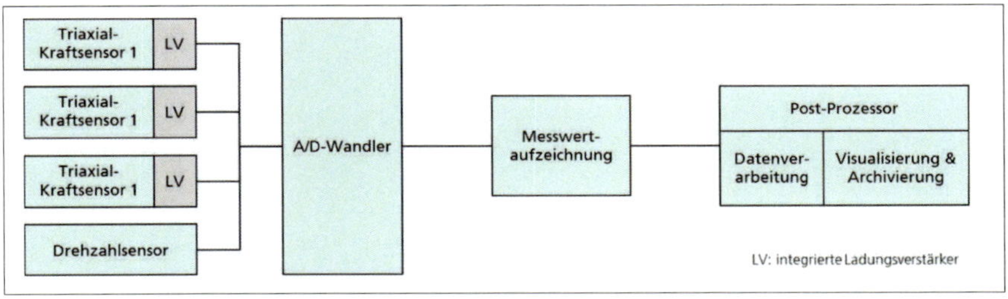

Abbildung 5-2: Messkette der Pfad-Kraftaufnahme-Einheit (PKE)
Measurement chain of Tracking Force Unit

Die Messwertaufzeichnung und der Post-Prozessor sind mit LabVIEW auf einem Rechner mit Windows 7 programmiert (siehe Kapitel 5.6). Da es sich bei Windows 7 um kein Echtzeitbetriebssystem handelt, werden die Daten zuerst zwischengespeichert, bevor sie weiterverarbeitet werden.

Der verwendete Analog-Digital-Wandler besitzt hierzu einen integrierten Buffer und kann maximal 500.000 Samples pro Sekunde aufzeichnen und digitalisieren.

Die Samples (Abtastwerte) müssen auf die 12 Kanäle, 9 für die Kraftsensoren sowie 3 für die Drehzahlsensoren, aufgeteilt werden. Somit kann jeder einzelne Kanal mit ca. 41.666 Samples pro Sekunde abgetastet werden.

In LabVIEW kann die Abtastrate der Sensoren sowie die Anzahl der Samples pro Abtastung festgelegt werden. Die Anzahl der Samples gibt das Abtastintervall des Analog-Digital-Wandlers an. Hierdurch kann eine getaktete Abtastung vom Anwender eingestellt werden. Die Versuche werden standardmäßig mit einer Abtastrate von 1.000 Hz durchgeführt. Die Messsignale werden hierbei fünf Mal pro Sekunde ausgelesen.

5.5.1 Drehzahlmessung an der Steuereinheit

Measuring of rotational speed at control unit

Die Drehzahlmessung findet an der Schnittstelle von Steuereinheit zum Motor der biegsamen Welle (siehe Abbildung 2-4) statt. Hierzu wurde eine Platine hergestellt, die die Spannung, welche die Drehzahl des Motors regelt, abgreift und auf +/-10V für den Analog-Digitalwandler verstärkt.

Die Steuerspannung wird zwischen zwei Polen des Mikromotors abgegriffen und an die Monitoringschaltung geschickt. An einem Repeater, welcher das Signal verstärkt und weiterleitet, wird die Spannung gemessen. Durch den Repeater werden nur wenige µA dem Motor entnommen, und somit wird dessen Funktionalität nicht beeinträchtigt. Anschließend wird das Signal durch einen Tiefpass gefiltert, welcher in der Schaltung (Abbildung 5-3) durch den Widerstand R3 und den Kondensator C5 realisiert wird. Der Tiefpass hat die Aufgabe, hochfrequente Störungen zu beseitigen. Im nachfolgenden Verstärker wird die Spannung so verstärkt, dass die maximale Drehzahlspannung +10 V beträgt.

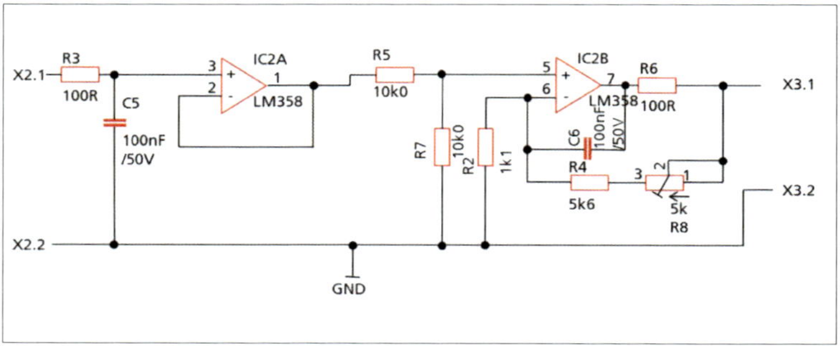

Abbildung 5-3: Schaltung zum Auslesen der Motorsteuerspannung

Curcuit to read out the motor tension

Auf Basis der Schaltung zum Auslesen der Motorsteuerung handelt es sich bei der Zuordnung von Spannung zu Drehzahl um eine springende Linearfunktion.

Dem Post-Prozessor sind die Grenzwerte der einzelnen linearen Funktionen bekannt, innerhalb dieser die Drehzahl durch Interpolation anschließend berechnet wird.

5.5.2 Kraft- und Momentenmessung

Force and torque measurement

Die Prozesskraftmessung erfolgt mit Hilfe von drei piezoelektrischen Triaxial-Kraftsensoren mit integrierten Ladungsverstärkern. Da zusätzlich eine Drehmomentmessung realisiert werden soll, um den zeitlichen Verlauf des Polierpfads aufzuzeichnen, werden diese Triaxial-Kraftsensoren zu einem Dynamometer zusammengebaut.

Sensoren mit integriertem Ladungsverstärker werden in der Praxis oft als ICP-Sensoren, Integrated Circuit Piezoelectric, bezeichnet. Dies bedeutet, dass die Verstärkungsschaltung im Sensor integriert ist. Die Ladung wird bei dieser Variante direkt am Sensor in eine Spannung umgewandelt. Somit können keine Störungen beim Transport der Ladung zu einem externen Ladungsverstärker entstehen.

Auslegung der Kraftsensoren

Wie in Tabelle 5-1 dargelegt, ist für die Kraftmessung eine Genauigkeit von mindestens 1 N erforderlich. Die Genauigkeit wird von den Sensoren, dem Ladungsverstärker sowie dem Analog-Digital-Wandler beeinflusst. Da drei Triaxial-Kraftsensoren eingebaut sind, verteilt sich die Belastung auf die unterschiedlichen Sensoren, was bei der Auslegung des Systems berücksichtigt werden muss. Im Folgenden werden die Parameter Auflösung, Sensitivität und Genauigkeit des Messsystems näher erläutert.

Auflösung der Sensoren

Die Auflösung gibt das kleinstmögliche Signal an, welches vom Rauschen differenziert werden kann bzw. den kleinsten erkennbaren Unterschied zwischen zwei reproduzierbaren Messwerten. Gemäß [ITWI16] handelt es sich bei Rauschen um „statistisch verteilte Schwankungen einer physikalischen Größe, die durch stochastische Prozesse entstehen. In der Elektronik werden diese stochastischen Prozesse von dem Stromfluss in aktiven und passiven Bauteilen generiert. Dabei handelt es sich um unkoordinierte temperaturbedingte Bewegungen von Ladungsträgern in elektrisch leitenden Materialien." Die ausgewählten Kraftsensoren besitzen eine maximale Auflösung in Z-Achsrichtung von $a_Z = 0{,}027$ N und in X- und Y-Achsrichtung von $a_{X,Y} = 0{,}009$ N.

Sensitivität

Allgemein beschreibt die Sensitivität den Zusammenhang zwischen einer zu messenden Größe (x) und dem resultierenden elektrischen Ausgangssignal (y) des Sensors. Üblicherweise wird die Sensitivität in mV/(zu messende Einheit) angegeben [SENS12].

Die in dieser Arbeit eingesetzten Sensoren besitzen eine Sensitivität von $s_Z = 0{,}56$ mV/N und $s_{X,Y} = 2{,}25$ mV/N. Der Analog-Digital-Wandler bildet die Spannung +/-10 V auf 16 Bits ab. Das erste Bit wird für das Vorzeichen und die restlichen 15 Bit für den Betrag der Kraft verwendet. Daraus lässt sich gemäß Gleichung 5.1 eine Sensitivität des Systems aus Sensor und Analog-Digital-Wandler berechnen.

$$\pm 10V \hat{=} 2^{16} \Rightarrow |\pm 10V| \hat{=} 2^{15}$$

$$S_{A/D} = \frac{10V}{2^{15}} \approx 0{,}00031 \frac{V}{bit} = 0{,}31 \frac{mV}{bit} \quad 5.1$$

$S_{A/D}$: Sensitivität des Sensors und Analog-Digital-Wandlers

Mit 15 Bit wird der maximale Betrag von 10 V digitalisiert. Die Sensitivität entspricht somit der Spannung, welche mit nur einem Bit berechnet wird. Daraus ergibt sich, dass der Analog-Digital-Wandler mit einem Bit 0,31 mV abbilden kann. Die messbare Kraft ergibt sich aus dem Quotienten von 0,31 mV und der Sensitivität des Sensors.

$$F_{Z,messbar} = \frac{0{,}31mV}{0{,}56\frac{mV}{N}} = 0{,}55N$$

$$F_{X,Y,messbar} = \frac{0{,}31mV}{2{,}25\frac{mV}{N}} = 0{,}14N \quad 5.2$$

Genauigkeit

Die Genauigkeit gibt an, wie weit der Messwert von der tatsächlichen physikalischen Größe abweicht und entspricht somit der Sensitivität des Gesamtsystems von Sensor und Analog-Digital-Wandler. Für die Kraft in Z-Richtung werden eine Sensitivität und eine maximale Genauigkeit von 0,55 N und in X- und Y-Richtung von 0,14 N erreicht. Da sich die Kraft auf die drei Sensoren unterschiedlich verteilt, sollte eine Genauigkeit von mind. 0,1 N pro Sensor erreicht werden, um sicherzustellen, dass der gesamte Aufbau eine Genauigkeit von ±1 N liefern kann. Hierfür kann die Verstärkung der Versorgungseinheit genutzt werden, wodurch jedoch auch der nutzbare Messbereich verkleinert wird.

Verstärkungsfaktor	**Genauigkeit**	**Nutzbarer Messbereich**
1 x	$F_z = 0{,}55$ N $F_{x,y} = 0{,}14$ N	F_z = +/- 4,5 kN $F_{x,y}$ = +/- 2,2 kN
10 x	$F_z = 0{,}055$ N $F_{x,y} = 0{,}014$ N	F_z = +/- 450 N $F_{x,y}$ = +/- 220 N
100 x	$F_z = 0{,}0055$ N $F_{x,y} = 0{,}0014$ N	F_z = +/- 45 N $F_{x,y}$ = +/- 22 N

Tabelle 5-8: Genauigkeit bei unterschiedlichen Verstärkungs-Faktoren

Accuracy with different magnification ratio

Die geforderten Zehntel-Newton werden bereits bei einer 10-fachen Verstärkung realisiert, wie aus Tabelle 5-8 entnommen werden kann. Die rechnerisch bestimmten Werte sind jedoch ideeller Natur und berücksichtigen keine äußeren Störfaktoren. Im Rahmen der Polierversuche wird entsprechend mit einer 10-fachen Verstärkung gearbeitet.

Dynamometer

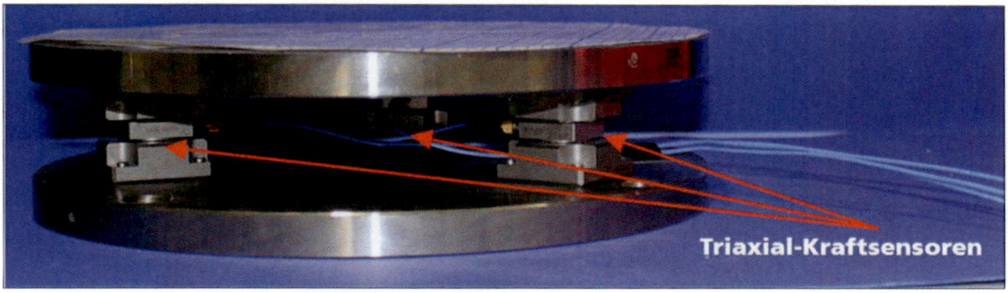

Abbildung 5-4: Dynamometeraufbau
Setup of the dynamometer

Beim Dynamometer werden mehrere Triaxial-Kraftsensoren zwischen einer Grund- und einer Deckplatte eingebaut und vorgespannt (siehe Abbildung 5-4). Durch die Kraftdifferenzen der Sensoren sowie durch die bekannte Position vom Nullpunkt der Konstruktion kann das resultierende Moment um die X-, Y- und Z-Achse eines global definierten Koordinatensystems berechnet werden.

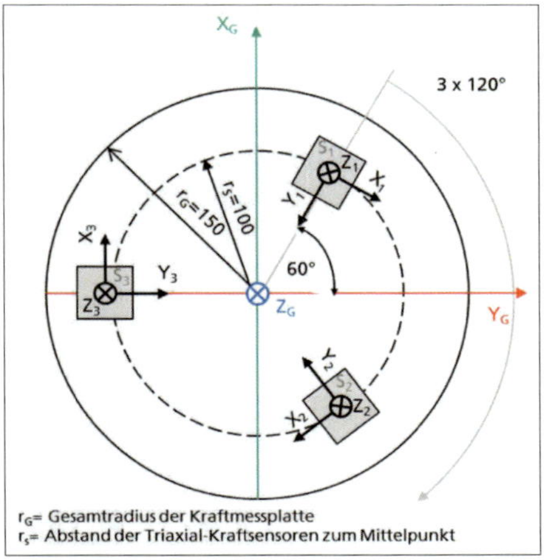

Abbildung 5-5: Schematischer Dynamometeraufbau
Schematic dynamometer-setup

Mit Hilfe des Richtungskosinus aus Formel 5.3 lässt sich die Lage der Kraft im Raum beschreiben.

$$\alpha=\cos^{-1}\left(\frac{F_x}{|F|}\right)$$

$$\beta=\cos^{-1}\left(\frac{F_{yx}}{|F|}\right) \qquad \textbf{5.3}$$

$$\gamma=\cos^{-1}\left(\frac{F_{zx}}{|F|}\right)$$

Die Komponenten des resultierenden Drehmoments ergeben sich durch den konstruktiven Aufbau des Dynamometers. Die Sensoren befinden sich auf einem Radius von r = 100 mm und sind um 120° zueinander versetzt (Abbildung 5-5). Hieraus ergeben sich für die Komponenten folgende Gleichungen:

$$M_x=(Z_1+Z_2)\cdot r\cdot \sin(30°)-Z_3\cdot r$$

$$M_y=(Z_2-Z_1)\cdot r\cdot \cos(30°) \qquad \textbf{5.4}$$

$$M_z=(X_1+X_2+X_3)\cdot r$$

Die beschriebenen Formeln verwendet der Postprozessor, um den Betrag der Kraft sowie ihre Lage im Raum zu ermitteln. Das Drehmoment wird für die Polierbahnmessung benötigt, welche im folgenden Kapitel 5.5.3 erläutert wird.

5.5.3 Die Polierpfadaufzeichnung

Measurement of polishing path

Die Polierbahn bzw. der Polierpfad wird im Rahmen dieser Dissertation als eine Folge betrachtet, deren Objekte der zeitliche Verlauf der Kraftangriffspunkte auf der Oberfläche sind.

$$B:\{P_{t_0},P_{t_0+1},P_{t_0+2},\ldots,P_{t_0+n}\} \qquad \textbf{5.5}$$

Die Polierbahn B besteht aus den Kraftangriffspunkten P_t zu den Zeiten $t = t_0$ am Anfang bis $t = t_0+n$ am Ende der Polierbearbeitung. Die zeitlichen Abstände zwischen den Punkten beeinflussen die Genauigkeit der zu bestimmenden Polierbahn und sollten möglichst klein sein, um eine hohe Genauigkeit zu erzielen. Hierdurch erhöht sich jedoch die Anzahl der betrachteten Messpunkte, was zu längeren Rechenzeiten führt. Ein Kompromiss zwischen Rechenzeit und gewünschter Auflösung muss hier gefunden werden. Die gewünschte Auflösung wird vom Anwender durch die Eingabe der Geometrieinformation festgelegt.

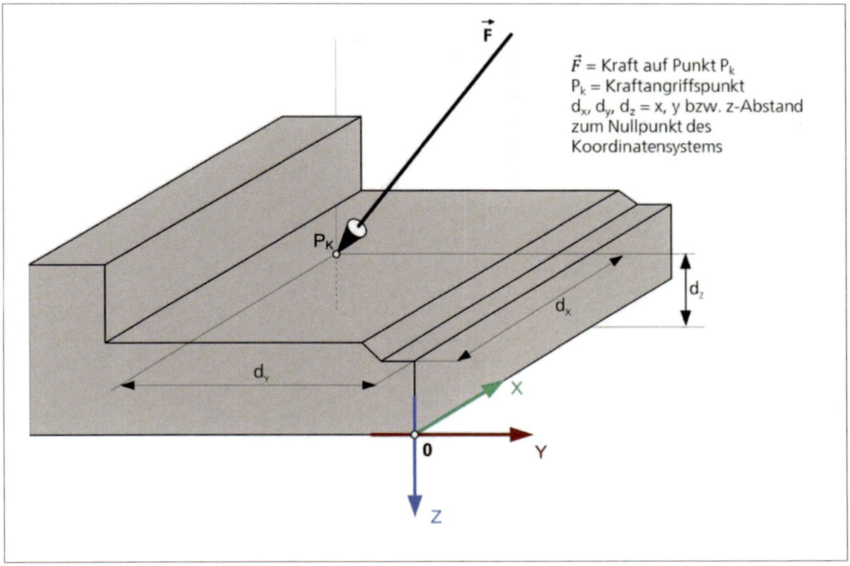

Abbildung 5-6: Kraftangriffspunkt am Werkstück
Force application point of tool

Zur Ermittlung des Polierpfads werden keine weiteren Sensoren benötigt. Mit Hilfe des Dynamometeraufbaus der Kraftsensoren und eines Vergleichsalgorithmus wird der Kraftangriffspunkt in vordefinierten Intervallen ermittelt (Abbildung 5-6).

Das Vektorprodukt aus Kraft und Hebelarm ergibt das Moment. In Komponentenschreibweise berechnet sich dieses nach Gleichung 5.6.

$$\vec{M}=\vec{d}\times\vec{F}=\begin{pmatrix}d_x\\d_y\\d_z\end{pmatrix}\times\begin{pmatrix}F_x\\F_y\\F_z\end{pmatrix}=\begin{pmatrix}F_z\cdot d_y-F_y\cdot d_z\\F_x\cdot d_z-F_z\cdot d_x\\F_y\cdot d_x-F_x\cdot d_y\end{pmatrix} \qquad \mathbf{5.6}$$

$$\Longrightarrow(F_y-F_z)d_x+(F_z-F_x)d_y+(F_x-F_y)d_z=M_x+M_y+M_z$$

Der Hebelarm ist gleichzeitig der Ortsvektor des Punktes P_K, an dem die Kraft $\vec{F}$ angreift. Der Hebelarm entspricht in Gleichung 5.6 dem Vektor $\vec{d}$. Die entsprechende Auflösung des Gleichungssystems kann im Anhang D eingesehen werden. Aus der Mechanik ist bekannt, dass ein Moment konstant ist, wenn die zugehörige Kraft entlang ihrer Wirkungslinie verschoben wird. Für eine eindeutige Lösung des Gleichungssystems in Bezug auf die Pfadanalyse wird eine zusätzliche Größe wie z.B. die Höhe des zu polierenden Werkstücks benötigt. Diese wird aus den aufgezeichneten CAD-Daten entnommen.

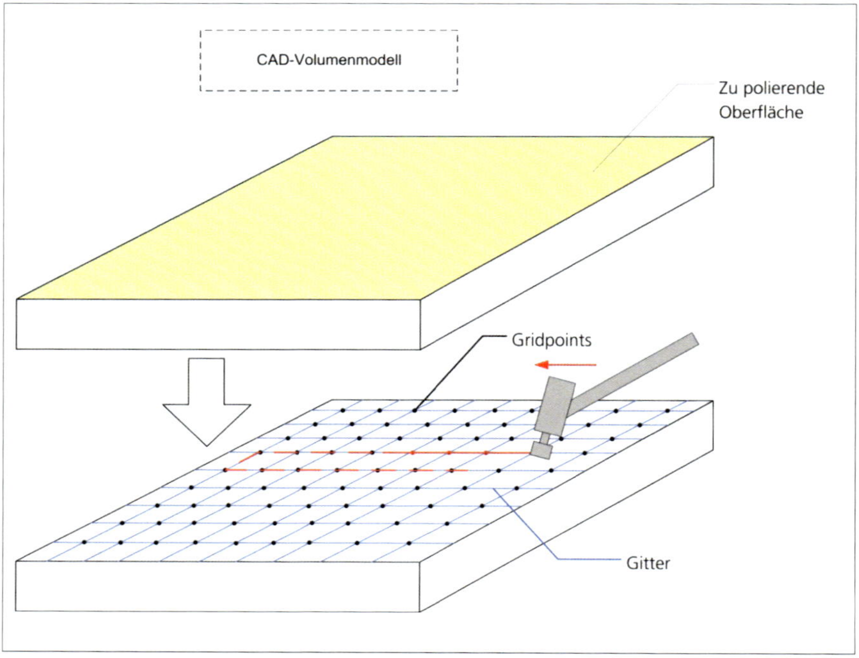

Abbildung 5-7: Flächennetz für die Polierpfadanalyse
Net for polishing path analysis

Die Oberfläche des Werkstücks wird in eine Punktewolke zerlegt (Abbildung 5-7). Das Prinzip folgt dem „Reverse-Engineering"-Ansatz: Das Volumenmodell wird in ein Oberflächenmodell, welches die zu polierenden Oberflächen beinhaltet, transformiert. Mit Hilfe von CAS (Computer-Aided-Simulation) Software kann aus dem Oberflächenmodell ein dreidimensionales Netz, bestehend aus Linien und Knotenpunkten, den so genannten Gridpoints, erstellt werden. Mit Hilfe entsprechender CAD (Computer Aided Design) Software (hier genutzt: CatiaV5) wird das Netz der Gridpoints als sogenannte „Bulk-Datei" exportiert. Aus dieser Datei können die X-, Y- und Z-Koordinaten der Gridpoints ausgelesen werden. So wird eine Punktewolke aus dem Volumenmodell erhalten. Für die Ortsbestimmung des Kraftangriffspunkts werden den Koordinaten (X,Y,Z) des Gridpoints die Information über das theoretische Moment um die X-, Y- und Z-Achse hinzugefügt.

A_x	X-Koordinate des Kraftangriffspunkts
A_y	Y-Koordinate des Kraftangriffspunkts
A_z	Z-Koordinate des Kraftangriffspunkts
	Moment um die:
$M_{x,theoretisch} = f(F_y, F_z)$	X-Achse mit den Kräften F_y und F_z zum Zeitpunkt t
$M_{y,theoretisch} = f(F_x, F_z)$	Y-Achse mit den Kräften F_x und F_z zum Zeitpunkt t
$M_{z,theoretisch} = f(F_x, F_y)$	Z-Achse mit den Kräften F_x und F_y zum Zeitpunkt t

Tabelle 5-9: Eigenschaften eines Gridpoints
Features of gridpoint

An jedem Punkt der Oberfläche wird bei der Pfadaufzeichnung das theoretische Moment berechnet. Die dabei erhaltenen Momente werden mit den vom Dynamometer gemessenen Werten verglichen. Der Kraftangriffspunkt wird dabei demjenigen Gridpoint zugeordnet, dessen theoretische Momente gleich den tatsächlich gemessenen Momenten entsprechen bzw. die kleinste Abweichung aufweist.

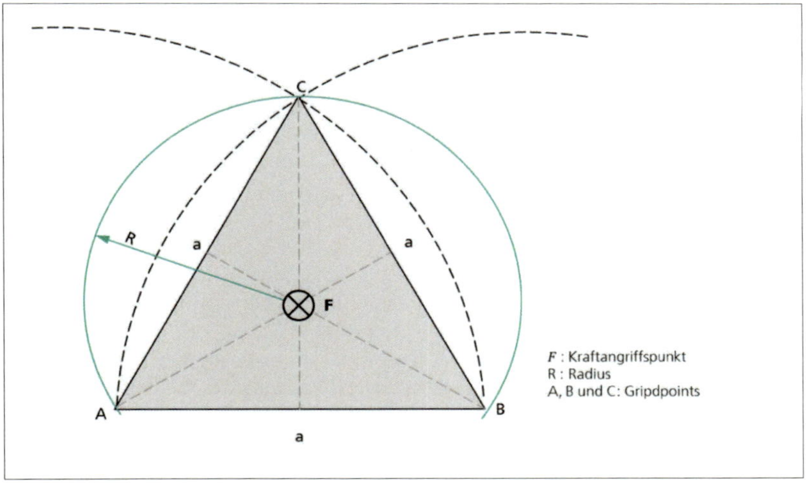

Abbildung 5-8: Darstellung der maximalen Abweichung zum nächsten Gridpoint
Deviation to next grid point

Wie in Abbildung 5-8 schematisch dargestellt, entspricht der Radius des Umkreises dabei der maximalen Distanz des tatsächlichen Kraftangriffspunkts F zu einem Punkt des Netzes (Gridpoint). Bei einem gleichseitigen Dreieck mit der Seitenlänge a =1 mm ergibt sich für den Radius R des Umkreises folgende Gleichung 5.7.

$$R=\frac{a}{3}\cdot\sqrt{3}=\frac{1}{3\text{ mm}}\cdot\sqrt{3}\approx 0{,}577\text{ mm} \qquad \textbf{5.7}$$

Ein weiterer Parameter bei der Polierpfadaufnahme ist die Maschenweite, welche das Auflösungsvermögen der Polierbahnmessung maßgeblich beeinflusst. Diese sollte fein genug gewählt werden, um eine hohe Auflösung zu erzielen und grob genug, um die Rechenzeit der Pfadberechnung zu minimieren. In Abbildung 5-8 und Tabelle 5-10 wird anhand eines Beispiels der Zusammenhang zwischen Maschenweite, Gridpoint-Anzahl und der Genauigkeit aufgezeigt.

A [mm²]	**Maschenweite [mm]**	**Anzahl der Gridpoints**	**Abstand zw. Gridpoints [mm]**
3.000	1,00	3.131	0,577
3.000	0,75	5.535	0,433
3.000	0,25	48.522	0,144
3.000	0,10	301.301	0,058

Tabelle 5-10: Zusammenhang von Gridpoints und Genauigkeit

Content of gridpoints and accuracy

Wie aus Tabelle Tabelle 5-10 hervorgeht, hängt die Genauigkeit der Auflösung (Abstand zw. Gridpoints) bei der Kraftangriffspunktbestimmung von der Maschenweite ab. Je feiner das Netz gerastert wird, desto mehr Gridpoints entstehen, was gleichzeitig zu einem Anstieg der Rechenzeit führt.

Für eine beliebig definierte Fläche (Bsp.: A = 3.000 mm²), wurde eine Vernetzung mit unterschiedlicher Maschenweite durchgeführt, um den Zusammenhang zwischen Maschenweite, Anzahl an Gridpoints und dem maximalen Abstand von einem Punkt innerhalb des Dreiecks zum nächsten Gridpoint aufzuzeigen. Hierdurch können Auflösung und die Rechenzeit abgeleitet werden. Nach Tabelle 5-10 ist der Zusammenhang zwischen Maschenweite und Anzahl der Gridpoints exponentiell. Da die Anzahl der Gridpoints maßgeblich die Rechenzeit der Analyse beeinflusst, sollte diese möglichst gering sein. Jedoch ist die Genauigkeit (= Abweichung des realen Kraftangriffspunkts zum nächsten Gridpoint) linear abhängig von der Maschenweite. Somit muss ein Kompromiss zwischen Genauigkeit und Rechenzeit gefunden werden. Wie aus Tabelle 5-10 hervorgeht, steigt bei einer Verringerung der Maschenweite um den Faktor 10 die Anzahl der Gridpoints um etwa den Faktor 100 an. Die Versuche wurden mit einer konstanten Maschenweite von 1 mm durchgeführt.

5.6 Programmierung der Prozessüberwachung

Programming and process monitoring

Wie in Kapitel 5.5 bereits beschrieben, wurde die Messdatenerfassung und -auswertung in zwei getrennten Schritten durchgeführt. Die Messwerterfassung sowie die Weiterverarbeitung und Auswertung wurden mit LabVIEW 8.5 realisiert.

Im folgenden Kapitel wird auf den Programmaufbau eingegangen, der die in den vorherigen Kapiteln aufgezeigten Lösungsansätze beinhaltet.

Das Programm arbeitet in zwei Schritten: 1. Messwerterfassung (Rekorder) und 2. Weiterverarbeitung (Analyse) – der sogenannte Postprozessor. Die Messwerterfassung speichert die Messwerte im CSV-Format auf der Festplatte des Messrechners ab. Der Anwender hat die Möglichkeit das Abtastintervall variabel einzustellen und startet die Aufzeichnung per Knopfdruck. Der genaue Aufbau der Messwerterfassung kann dem Anhang E entnommen werden.

Die Weiterverarbeitung erfolgt offline, um die Messwerterfassung nicht zu stören. Der Postprozessor hat die Aufgabe, aus den Messsignalen die resultierenden Kräfte, die Richtungsvektoren sowie deren Kraftangriffspunkte zu berechnen. Folgende Schritte sind dazu notwendig:

- Messsignale filtern
- Spannungen in physikalische Größen konvertieren
- Resultierende Kraft und dessen Richtungsvektor berechnen
- Angreifende und theoretische Momente berechnen
- Momente vergleichen und Kraftangriffspunkt bestimmen
- Werte visualisieren und speichern.

Entsprechend der Aufgaben ergibt sich für den Programmablauf das Flussdiagramm in Abbildung 5-9.

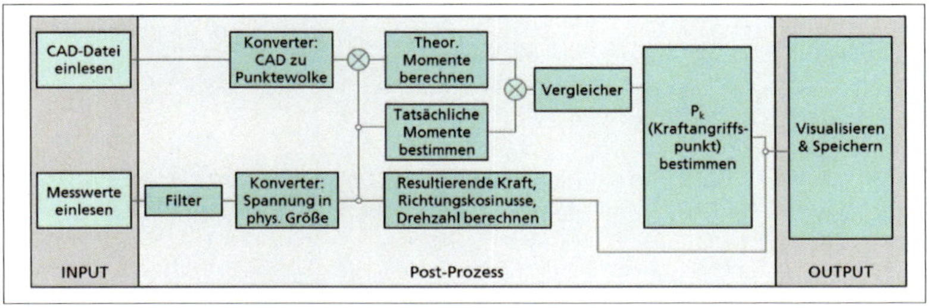

Abbildung 5-9: Flussdiagramm des Post-Prozesses

Flow diagram of post-process

Für die Aufzeichnung des Polierpfades werden die eingehenden Messsignale zunächst gefiltert, um eventuell auftretende Störsignale oder ein zu hohes Grundrauschen zu entfernen. Die gefilterten Signale werden im nächsten Schritt in die analogen physikalischen Größen Kraft und Drehzahl konvertiert. Mit den gefilterten konvertierten Werten kann die resultierende Kraft und dessen Richtungsvektor gemäß den Formeln in Kapitel 5.5.2 berechnet werden. Aus den Differenzen der Kraftkomponenten der einzelnen Sensoren werden dann die Momente um die Achsen des globalen Koordinatensystems bestimmt.

Weiterhin werden die theoretischen Momente aus der umgewandelten CAD-Datei berechnet. Im anschließenden „Vergleicher" werden die gemessenen und theoretischen Momente verglichen und die Abweichung berechnet. Der Gridpoint mit der geringsten Abweichung entspricht dem Kraftangriffspunkt und wird zu der Polierbahn hinzugefügt.

Zum Schluss werden der zeitliche Kraftverlauf und die Polierbahn visualisiert und gespeichert. Eine ausführliche Dokumentation des Aufbaus befindet sich im Anhang E.

5.7 Systemintegration und Test

System integration and test

Zur Überprüfung der Systemvoraussetzungen bzw. der Funktionalität des Messsystems wurde die in Kapitel 5.5 erläuterte Kraftmessplatte (im Folgenden PKE = Pfad-Kraftaufnahme-Einheit) in die existierende Roboterzelle des Fraunhofer IPT integriert (Abbildung 5-10). Eine am Roboter angeflanschte Force-Control ermöglichte einen Vergleich der durch die Sensoren gemessenen Kräfte. Die Drehzahl wurde direkt an der Spindel des Roboters eingestellt. Über die Programmierumgebung des Roboters (Hersteller: ABB, Typ: IRB 4400/45) wurden Testbahnen programmiert und Variationen der Kraft und der Vorschubgeschwindigkeit abgefahren. Als Polierwerkzeug wurde zum Testen ein Kunststoffring verwendet. Angemerkt sei hierbei, dass in diesem Systemtest nicht die Analyse der Polierergebnisse auf der Oberfläche im Fokus standen, sondern allein die Funktionsfähigkeit der sensorintegrierten Polierstation überprüft werden sollte.

Als erstes wurden einfache Streckenfahrten der Länge 50 und 100 mm unter den Winkeln 0°, 90°, 180° und 270° durchgeführt. So konnte die Genauigkeit der einzelnen Sensoren festgestellt werden. Zusätzlich wurden Kräfte zwischen 5, 10 und 20 N variiert ebenso wie der Vorschub 20, 40 und 80 m/s.

Bei den Streckentests war zu beobachten, dass beim Aufsetzen des Werkzeugs auf die Oberfläche zuerst eine höhere Kraft gemessen wird. Bereits nach 1 Sekunde hat sich das System allerdings stabilisiert und bestätigte die vorgegebenen Werte.
Während des Systemtests konnten Abweichungen bei der Pfadanzeige um ca. 1 – 2 mm von der ursprünglich vorgegebenen Strecke gemessen werden. Diese Angaben liegen im Toleranzbereich der Anforderungen (s. Tabelle 5-1).

Bei einer Polierdauer > 30 s wurde eine Drift der Sensoren bei der Messwertaufnahme beobachtet. Über entsprechende Filter-Bausteine des LabView-Programms konnte diese eliminiert werden. Nach weiteren Tests wurden die resultierende Kraft und der Polierpfad erfolgreich aufgezeichnet und auf der LabView-Oberfläche grafisch wiedergegeben.

Mit Hilfe weiterer Filter ist es bei der Auswertung möglich, Störungen wie metallisches Klirren oder Rauschen aus dem Signal zu filtern, um diese Fehler zu glätten. Eine Erhöhung der Kraft oder der Vorschubgeschwindigkeit zeigte keinen negativen Einfluss auf die Funktionalität der Kraftmessplatte.

Abbildung 5-10: Systemintegration am Roboter

System integration in robot cell

Nach erfolgreicher Validierung des Messaufbaus wird in folgendem Kapitel der Ablauf der Polierversuche beschrieben mit dem Ziel, Strategien im Hinblick auf den Polierpfad zu entwickeln.

6 Entwicklung eines Prozessmodells

Development of a process model

In diesem Kapitel wird ein Prozessmodell entwickelt, welches sich der detaillierten Analyse und der mathematischen Beschreibung des Polierpfads widmet. In Kapitel 6.1 wird zunächst auf Vorversuche zum manuellen Polieren eingegangen. Auf deren Grundlage werden in Kapitel 6.2 mit Hilfe von Polierexperten (Poliererfahrung >20 Jahre) Polierstrategien untersucht und entsprechende Messdaten auf der sensorintegrierten Polieranlage generiert. Diese Ergebnisse bilden die Basis für die in Kapitel 6.4 erläuterte mathematische Auswertungsmethode mittels eines Pfad-Analyse-Algorithmus (PAA) unter Anwendung der Fraktal-Theorie.

6.1 Versuche zum manuellen Polieren

Tests of manual polishing

Erste Polierversuche zur Optimierung des manuellen Polierprozesses wurden bereits vor Fertigstellung der sensorintegrierten Polieranlage im Rahmen von Vorversuchen durchgeführt. Hierbei war eine Aufzeichnung des Polierpfades noch nicht möglich. Um den Einfluss der Kraft und der Drehzahl in diesen Versuchen bewerten zu können, wurde unter das zu polierende Werkstück ein Mehrkomponenten-Dynamometer (9257B Triaxial Force Sensor Load Cell der Fa. Kistler [KIST16]) gelegt. Die Drehzahl konnte über einen Aufbau am Handstück direkt abgegriffen werden (s. Abbildung 6-1). Die untersuchten Stahlsorten sind in Tabelle 6-1 dargestellt.

Material Nr.	DIN - Kurzname	Härte	Herstellungs-verfahren	Art	Beispiele für Einsatzgebiete
1.2343	X38CrMoV5-1	46-48 HRC / 50-52 HRC	ESU / DESU / VLBO	Warmarbeitsstahl	Druckgussform, Strangpresswerk-zeuge
1.2083	X42Cr13	52 HRC	offen erschmolzen	Kunststoffformenstahl	Korrosionsbest. Kunststoffformen
1.2738	40CrMnNiMo 8-6-4	29-35 HRC*	offen erschmolzen	Kunststoffformenstahl	Kunststoffformen
1.2738 mod. TS (HH)	26MnCrNiMo 6-5-4	33-38 HRC*	offen erschmolzen	Kunststoffformenstahl	Kunststoffformen

* Zur vereinfachten Gegenüberstellung wurden die Härtewerte der Stahlsorten aus Brinell-Härtewerten gem. DIN EN ISO 18265 Tabelle A.1 umgewertet.

Tabelle 6-1: Untersuchte Stahlsorten nach DIN EN 10027-1 [DIN05]

Examined steel grades referring to DIN EN 10027-1

Ziel war die Generierung höchst schädigungsfreier Oberflächengüten. Die Stahlproben für die manuelle Handpolierstation besaßen eine Probengröße von 100 x 100 mm^2. Die dazu notwendigen Polierversuche wurden unter Berücksichtigung verschiedener Werkzeugkinematiken (rotatorisch, translatorisch, Kombination beider) an der Handpolierstation durchgeführt. Dabei gingen sowohl Parametervariationen (Anpresskraft/Drehzahl) unter Betrachtung verschiedener Stahlsorten (siehe Tabelle 6-1) sowie ein Vergleich unterschiedlicher Poliermittelträger in die Untersuchungen mit ein.

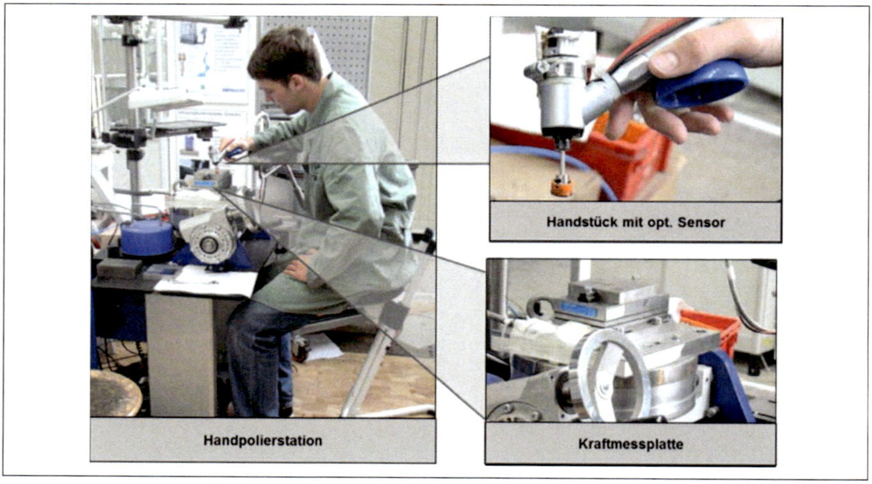

Abbildung 6-1: Erster Umbau der Handpolierstation

First Re-Building of manual polishing station

Um die Prozessstufen des Schleifens, Läppens, Polierläppens sowie Polierens vollständig abdecken zu können, wurden auf Basis von Polierempfehlungen der Fa. Joisten und Kettenbaum, Botzian und Kirch, Novapax und der Meierkort [JOIS16] einheitliche Träger aus Gummi, Messing, Kunststoff und Filz sowie Poliermittel in Form von polykristallinen, wasserlöslichen Diamantpasten mit Korngrößen von 25, 14, 6 und 3 µm ausgewählt (s. Tabelle 6-3). In einem ersten Schritt wurden zur optimalen Einstellung konstanter Polierkräfte und Drehzahlen neun Stahlproben je Stahlsorte mit unterschiedlichen Kombinationen von Anpresskraft und Drehzahl auf Hochglanz poliert (Polierpfad beliebig). Hierbei wurden jeweils drei Stahlproben mit der gleichen Anpresskraft und einer Variation der Drehzahl bearbeitet. Tabelle 6-2 zeigt den genauen Versuchsablauf für jeweils einen Poliermittelträger und ein Poliermittel. Die Probe mit den geringsten Rauheitswerten nach einem durchgeführten Polierschritt wurde als weitere Referenzfläche für den folgenden Polierschritt verwendet. Alle neun Proben wurden anschließend mit der optimalen Kraft/Drehzahl-Kombination vorbereitet und es folgte Polierschritt zwei.

Probe	Anpresskraft [N]	Drehzahl [min^{-1}]
1	5	2 000
2	5	6 000
3	5	12 000
4	10	2 000
5	10	6 000
6	10	12 000
7	20	2 000
8	20	6 000
9	20	12 000

Tabelle 6-2: Entwicklung optimaler Prozessstrategien (Bsp.: Schritt 1)

Experimental matrix for developing optimal process strategies (e.g. step1)

Als Ergebnis ergab sich eine erste Polierstrategie (Tabelle 6-3) für die Handpolierstation mit einem sechsstufigen Plan.

Schritt	Polierstrategie 1	Abbildung
1	Gummiträger Snap-on, Korund; Ø 38 mm –Schleifpapier P320 Drehzahl: 6 000 min^{-1} Anpresskraft: 10 N	
2	Rotierender Messing-Ring ; $\varnothing_A$: 12 mm; $\varnothing_I$: 10 mm Diamantpaste: monokristallin, wasserlöslich Korngröße: 25 µm Drehzahl: 6 000 min^{-1} Anpresskraft: 10 N	
3	Rotierender Messing-Ring ; $\varnothing_A$: 12 mm; $\varnothing_I$: 10 mm Diamantpaste: monokristallin, wasserlöslich Korngröße: 14 µm Drehzahl: 6 000 min^{-1} Anpresskraft: 10 N	
4	Rotierender Kunststoff-Ring; $\varnothing_A$: 12 mm; $\varnothing_I$: 10 mm Diamantpaste: monokristallin, wasserlöslich Korngröße: 14 µm Drehzahl: 6 000 min^{-1} Anpresskraft: 20 N	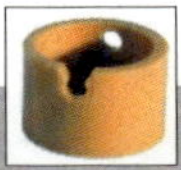
5	Rotierender Kunststoff-Ring; $\varnothing_A$: 12 mm; $\varnothing_I$: 10 mm Diamantpaste: monokristallin, wasserlöslich Korngröße: 6 µm Drehzahl: 6 000 min^{-1} Anpresskraft: 20 N	
6	Rotierendes Filz; $\varnothing_A$: 18 mm; $\varnothing_I$: 7 mm Diamantpaste: monokristallin, wasserlöslich Korngröße: 3 µm Drehzahl: 6 000 min^{-1} Anpresskraft: 10 N	
	$\varnothing_A$: Außendurchmesser; $\varnothing_I$: Innendurchmesser	

Tabelle 6-3: Entwickelte Polierstrategie 1

Developed polishing strategy 1

Mit dieser Strategie 1 (Abbildung 6-2, schraffierte Flächen) konnten in den ersten Versuchen Oberflächen mit durchschnittlichen Sa-Werten von 5 – 8 nm und Sz-Werten von 38 – 80 nm bei Prozesszeiten von 4 min/cm² - 5,5 min/cm² je nach Stahlsorte erreicht werden (siehe Tabelle 6-3 und Tabelle 6-4). Die höchsten Oberflächengüten ließen sich beim Stahl 1.2343 erzielen.

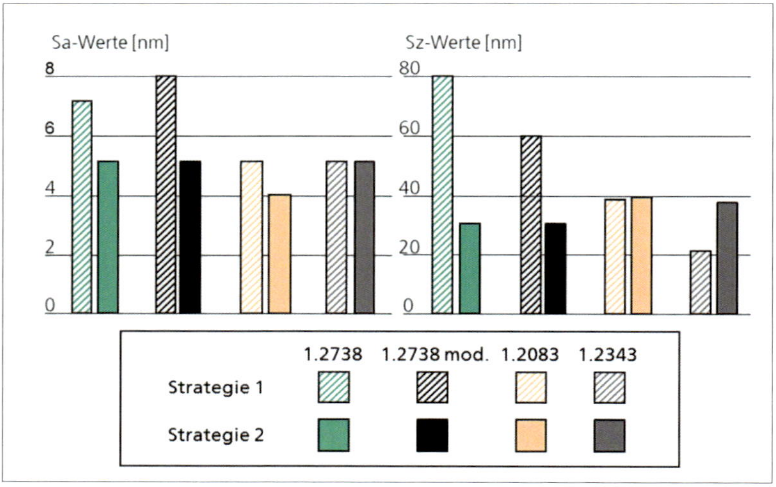

Abbildung 6-2: **Rauheitswerte beider Polierstrategien**
Roughness values of both polishing strategies

Bei der Entwicklung einer optimierten Bearbeitungsstrategie bestand das Ziel darin ein gleichwertiges, defektfreies Polierergebnis mit weniger Polierschritten zu erhalten. Die mit dieser zukünftig als Polierstrategie 2 bezeichneten Vorgehensweise polierten Proben erreichten bei einer Polierdauer von ca. 4 - 7 min/cm² je nach Material Sa-Werte von ca. 4 - 5 nm und Sz-Werte von 32 – 40 nm (siehe Abbildung 6-2, gefüllte Flächen und Tabelle 6-5).

Stahlsorte	**Prozesszeit [min/cm²]**	
	Strategie 1	**Strategie 2**
1.2738	4	6
1.2738 mod.	5	7
1.2083	4	5,5
1.2343	5,5	4

Tabelle 6-4: **Prozesszeiten beider Polierstrategien**
Processing time of both polishing strategies

Schritt	Polierstrategie 2	Abbildung
1	Gummiträger Snap-on, Korund Ø 38 mm –Schleifpapier P320 Drehzahl: 6 000 min^{-1} Anpresskraft: 15 N	
2	Rotierender Kunststoff-Ring ; $Ø_A$: 12 mm; $Ø_I$: 10 mm Diamantpaste: monokristallin, wasserlöslich Korngröße: 3 µm Drehzahl: 6 000 min^{-1} Anpresskraft: 20 N	
3	Rotierendes Filz; $Ø_A$: 18 mm; $Ø_I$: 7 mm Diamantpaste: monokristallin, wasserlöslich Korngröße: 1 µm Drehzahl: 6 000 min^{-1} Anpresskraft: 15 N	
	$Ø_A$: Außendurchmesser; $Ø_I$: Innendurchmesser	

Tabelle 6-5: Optimierte Polierstrategie 2
Optimized polishing strategy 2

Anhand der gemessenen Rauheitswerte zeigte sich, dass die vorvergüteten Stahlsorten 1.2738 und 1.2738 mod. vergleichsweise längere Polierzeiten benötigen, um Oberflächengüten in einem mit gehärteten Stahlsorten vergleichbaren Bereich zu erreichen.

Auf Basis der durchgeführten Polierexperimente konnten folgende Ergebnisse zusammengefasst werden:

- Polieren bei mittlerer Drehzahl (n: 6.000 min^{-1}) generiert unabhängig von der Stahl-sorte höhere Oberflächengüten als hohe (n: 12.000 min^{-1}) oder niedrige Drehzahlen (n: 2.000 min^{-1}).
- Polieren mit einer Anpresskraft größer als 20 N hat ein schweres Handling mit dem Polierhandstück und Defekte auf der polierten Oberfläche zur Folge.
- Bei hoher Drehzahl und hoher Kraft verlieren die Poliertücher ihre Klebewirkung und fallen vom Träger ab.
- Die richtige Dosierung des Polierfluids – zusätzlich zur Diamantpaste – ist sehr wichtig, da das Handstück anfängt zu vibrieren und Riefen auf der Oberfläche hinterlässt.

Die Ergebnisse dieser und weiterer Experimente können den Tabellen im Anhang B oder etwas ausführlicher unter http://www.polierstrategien.de [BEHR11] eingesehen werden.

Auf Grundlage der erlangten Ergebnisse werden alle folgenden Versuche mit der neu aufgebauten Polierstation (siehe Kapitel 5) durchgeführt, um den Einfluss des Polierpfads in Zusammenhang mit Kraft und Drehzahl bewerten zu können. Als Probengeometrie dient wieder eine plane Stahlprobe der Größe 100 x 100 mm^2, Stahlsorte 1.2343 (X38CrMoV5-1); Härte 50-52 HRC, ESU Qualität.

Die folgenden Prozessparameter wurden gemäß Tabelle 6-6 festgelegt.

Schritt	Allg. Parameter:	
	Drehzahl n = 6000 min^{-1} (konstant) Kraftvariation F = 5, 10, 20 N Polierbahn: - S-Raster (auch Parallelbahn) - Zykloid (auch Spiralbahn) Bearbeitungsdauer je Schritt: 60 s	
1	Rotierender Messing-Ring ; $\varnothing_A$: 12 mm; $\varnothing_I$: 10 mm Diamantpaste: monokristallin, wasserlöslich Korngröße: 14 µm	
2	Rotierender Kunststoff-Ring ; $\varnothing_A$: 12 mm; $\varnothing_I$: 10 mm Diamantpaste: monokristallin, wasserlöslich Korngröße: 9 µm	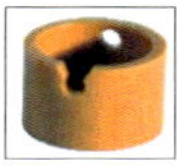
3	Rotierendes Filz; $\varnothing_A$: 18 mm; $\varnothing_I$: 7 mm Diamantpaste: monokristallin, wasserlöslich Korngröße: 3 µm	
	$\varnothing_A$: Außendurchmesser; $\varnothing_I$: Innendurchmesser	

Tabelle 6-6: Manuelle Polierstrategie unter Berücksichtigung des Polierpfades
Manual polishing strategy with remark to the polishing path

Die Oberflächen werden nach jedem Polierschritt taktil (Mitutoyo SJ-210) gemessen (vier Messungen je Probe). Zur statistischen Absicherung werden die Versuche dreimal auf jeweils drei Proben durchgeführt.

Aus den Ergebnissen dieser Versuchsreihe kann abgeleitet werden, dass Polierversuche, die ausschließlich durch Spiralbewegungen durchgeführt werden, geringere Rauheitswerte und damit höhere Oberflächengüten erreichen als Polierversuche mit Parallelbahnen (siehe Abbildung 6-3). Abbildung 6-4 zeigt in diesem Zusammenhang die Bilder zweier Versuchsoberflächen. Beide Oberflächen wurden mit den gleichen Parametern (Kraft F = 10 N, Drehzahl d = 6.000 min^{-1}), dem gleichen Werkzeug und identischer Korngröße (Filzring, 3 µm) je 60 Sekunden bearbeitet, wobei einzig die Bahnführung differierte.

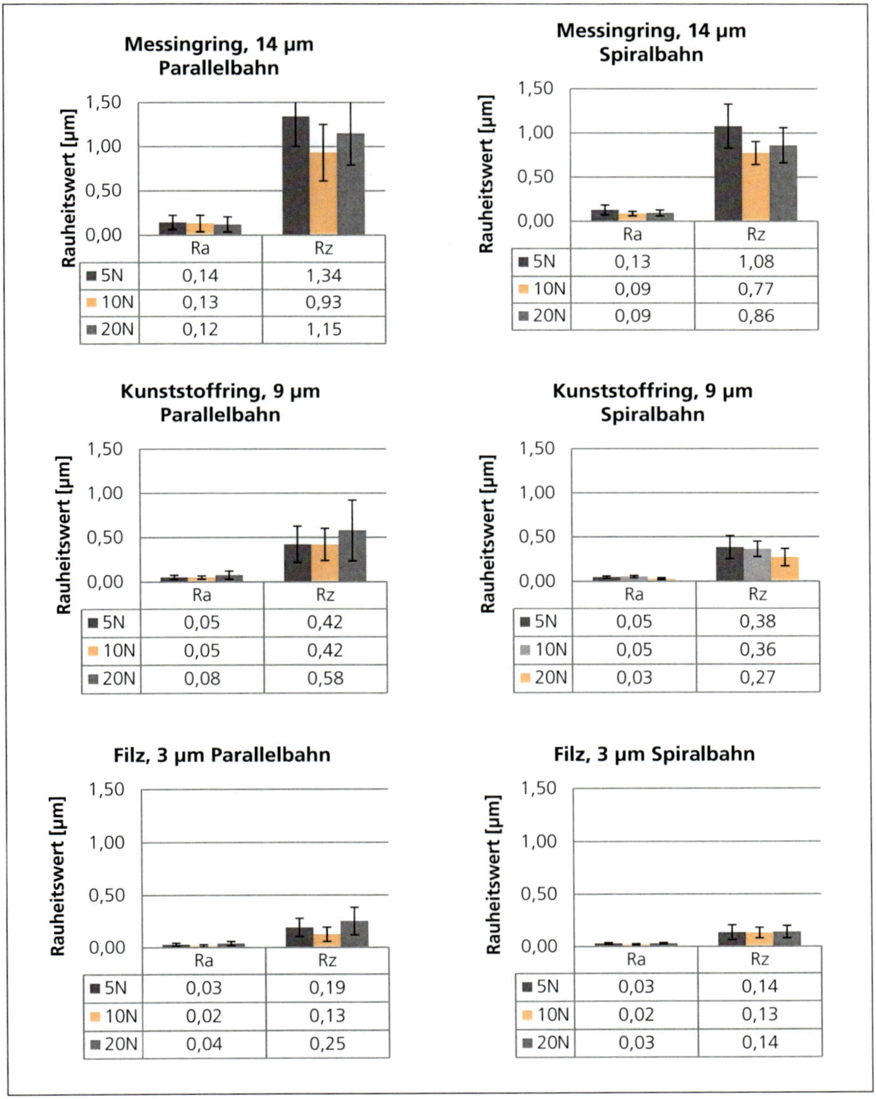

Abbildung 6-3: Rauheitsergebnisse Kraftvariation des Stahls 1.2343 (Parallel- und Spiralbahn)

Roughness results of force variation, steel 1.2343 (spiral and parallel path)

Die in Abbildung 6-3 dargestellten Rauheitsmesswerte zeigen zwischen Parallel- und Spiralbahn polierten Oberflächen kaum Unterschiede in der Oberflächengüte. Dieses Ergebnis entspricht allerdings nicht den Erwartungswerten. Um dies eindeutiger nachzuprüfen, wurden beim letzten Polierschritt ergänzende Messungen im Weißlichtinterferometer durchgeführt.

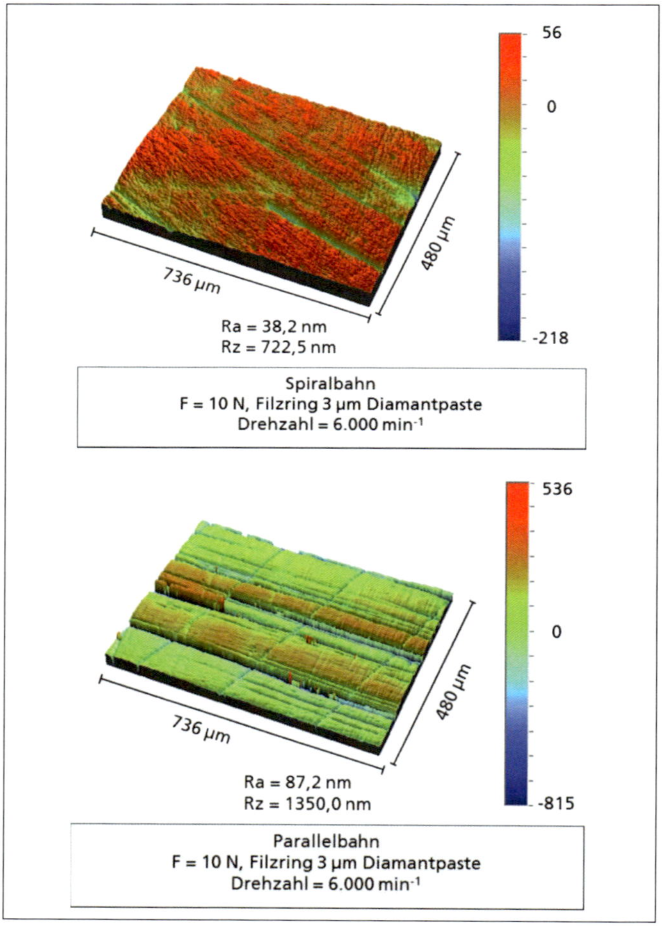

Abbildung 6-4: Vergleich Spiral-/Parallelbahn im Weißlichtinterferometer

Comparison spiral / parallel path with white light interferometry

Wie aus den in diesem Zusammenhang aufgezeichneten Bildern aus Abbildung 6-4 deutlich hervorgeht, weichen die Rauheitsergebnisse zwischen der Spiral- und Parallelbahn voneinander ab. Der Unterschied der Ergebnisse der Weißlichtinterferometrie zu den Ergebnisse der taktilen Rauheitsmessungen liegt darin, dass ab einer bestimmten Oberflächengüte (Ra < 20 nm) die Messspitze des Taktilometers, kleinste Unebenheiten (Täler und Riefen der Oberfläche) nicht vollständig auflösen kann. Auf den Bild der Parallelbahnen (Abbildung 6-4, unten) sind tiefe, gerichtete Riefen auf der Oberfläche zu erkennen. Die Oberflächenbeschaffenheit der Spiralbahn ist dahingegen homogen, was sich entsprechend auch in den Rauheitswerten widerspiegelt. Dieses Ergebnis ist auf eine deutlich höhere Überdeckung und intensivere Werkstückbearbeitung bei der Spiralbewegung als bei der Parallelbahn zurückzuführen (vgl. Gleichung 2.2).

Aus der durchgeführten Versuchsserie konnte für die eingesetzten Polierwerkzeuge eine optimale Anpresskraft abgeleitet werden. Die optimale Kraft für den Messingring liegt bei 10 N. Während eine Kraft von 5 N offenbar zu wenig Abtrag generiert, entstehen bei dem Poliervorgang mit 20 N wiederum tiefe Kratzer auf dem Werkstück, die eine Nacharbeit erfordern. Ferner zeigen die Vorversuche, dass beim Einsatz mit Kunststoffringen vor allem bei Spiralbewegungen mit einer Kraft > 10 N poliert werden sollte. Die Ergebnisse der Polierexperimente zeigen, dass die Rauheitswerte bei einer voreingestellten Kraft von 20 N am geringsten sind. Beim Filz hingegen ist am Ende des Polierens eine geringe Kraft von 10 N wieder von Vorteil, um erneutes Zerkratzen der Oberfläche zu verhindern.

6.2 Versuchsbeschreibung der Polierpfadexperimente

Description of polishing path experiments

Das folgende Kapitel beschreibt Polierpfadexperimente, die auf der sensorintegrierten Polierstation durchgeführt werden, um den Polierpfad ergänzend zu den in Kapitel 6.1 beschriebenen Parametern systematisch beschreiben zu können. Diese Untersuchungen werden für zwei Stahlsorten durch erfahrene Polierer durchgeführt. Da die Forschungsfrage darauf abzielt, die intuitiven Bewegungen des Polierers zu analysieren und nicht die Bewegungen, die der Polierer aufgrund eines vorgegebenen Bearbeitungsschemas ausführt, basieren die Polierexperimente zur Untersuchung des Polierpfades auf der persönlichen Standardstrategie des Polierexperten (Tabelle 6-8) und nicht auf den optimierten Polierstrategien des Kapitels 6.1.
Generell unterscheiden sich die Polierstrategien in der Nutzung verschiedener Polierwerkzeuge. So wurden von den Polierern in den folgenden Experimenten statt Messing- und Kunststoffringen Polierbürsten in harter und weicher Ausführung eingesetzt. Der finale Polierschritt mit einem Filzring in den Ergebnissen aus Kapitel 6.1 wird durch einen letzten Schritt mit „Watte" zum „Ausputzen" der Oberfläche ergänzt. Die gewählte Strategie des Polierers setzt analog zu den optimierten Polierstrategien Werkzeuge von hart nach weich und Diamantpasten mit zunehmender Feinheit ein. Der genaue Ablauf der Polierstrategie ist nachfolgend erläutert. Die chemische Zusammensetzung der Stahllegierung sowie Härte und deren Probengeometrie sind Tabelle 6-7 zu entnehmen.

	Stahl 1.2343 XCrMoV5-1					Stahl 1.2738 40CrMnNiMo8-6-4				
Chem. Zusammensetzung	**C**	**Si**	**Cr**	**Mo**	**V**	**C**	**Mn**	**Cr**	**Ni**	**Mo**
	0,38	1,0	5,3	1,3	0,4	0,4	1,5	1,9	1,0	0,2
Härte	50-52 HRC					Vorvergütet auf ca. 250 HB				
Probenmaße	100x60x30 mm (eingeteilt in 2 Bereiche von 50 x 60 x 30 mm)									

Tabelle 6-7: Zusammensetzung der Stahlproben und –geometrie

Summary of steel samples and geometry

Die in diesem Versuchsteil angewendete Polierstrategie besteht aus fünf Polierschritten (Tabelle 6-8). Vorbearbeitet werden die Oberflächen bis zu einer Strichpolitur mit Schleifpapier Siliziumcarbid und einer Korngröße nach FEPA-Standard P1500 [DINI15].

Schritt	Art der Feinbearbeitung	Werkzeug	
1	Läppen	Bürste hart: Ø =10 mm Diamantpaste: d = 7 µm Drehzahl: n = 6.000 min-1	
2	Polierläppen	Bürste weich: Ø = 10 mm Diamantpaste: d = 7 µm Drehzahl: n = 6.000 min-1	
3	Polierläppen	Bürste weich: Ø = 10 mm Diamantpaste: d = 3 µm Drehzahl: n = 6.000 min-1	
4	Polieren	Filz: Ø = 10 mm Diamantpaste: d = 3 µm Drehzahl: n = 6.000 min-1	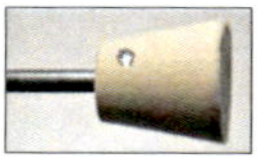
5	Polieren	Watte Diamantpaste: d = 3 µm	

Tabelle 6-8: Übersicht der durchgeführten Polierstrategie

Overview of realized polishing strategy

Beim ersten Polierschritt handelt es sich um den Prozessschritt des Läppens. Hierbei wird mit einer harten Bürste (ø = 10 mm) unter Verwendung einer Diamantpaste mit einer Körnung von d = 7 µm gearbeitet.

Im zweiten und dritten Polierschritt wird das Werkstück mit einer weichen Bürste (ø = 10 mm) in Verbindung mit einer Diamantpaste von d = 7 µm (Prozessschritt 2) und d = 3 µm (Prozessschritt 3) poliergeläppt.

Die finalen Prozessschritte 4 und 5 umfassen die Schritte des Hochglanzpolierens durch den Einsatz eines trapezförmigen Filzwerkzeuges mit ø = 10 mm (Prozessschritt 4) und Watte (Prozessschritt 5). Die Bearbeitung der letztgenannten Prozessschritte erfolgt mit einer Diamantpaste der Körnung d = 3 µm.

Die Probengeometrie wurde, um schneller zu Ergebnissen zu gelangen, in zwei Bereiche geteilt. Hierbei ergibt sich für die Größe der Probe eine zu polierende Fläche von 50 mm x 60 mm. Zur statistischen Absicherung wurden die Versuche je Schritt dreimal durchgeführt.

6.3 Bewertung des Polierergebnisses mittels Rauheitsmessungen

Evaluation of polishing results with measurement of roughness

Für die Bewertung des Poliererfolges wurden zunächst Rauheitsmessungen mit einem taktilen Rauheitsmessgerät an den vorbearbeiteten Stahloberflächen durchgeführt und nach jedem Polierschritt wiederholt. Wie das in Abbildung 6-5 dargestellte Diagramm veranschaulicht, besitzen die vorbearbeiteten Stahlproben 1.2343 und 1.2738 Ra-Werte von 34,3 und 40,0 nm sowie Rz-Werte von 240,3 und 267,0 nm.

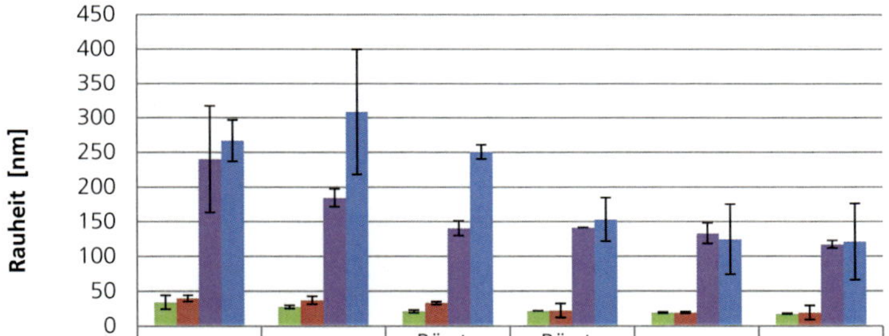

	Ausgangs-rauheit	Bürste hart, 7 µm	Bürste weich, 7 µm	Bürste weich, 3 µm	Filz, 3 µm	Watte, 3 µm
Ra-Wert-1.2343 [nm]	34,3	27,7	21,2	22,0	19,3	17,5
Ra-Wert-1.2738 [nm]	40,0	37,3	33,2	22,5	19,5	19,4
Rz-Wert-1.2343 [nm]	240,3	184,7	140,7	141,7	133,2	117,2
Rz-Wert-1.2738 [nm]	267,0	309,0	250,7	153,2	124,7	121,2

Abbildung 6-5: Vgl. Rauheitswerte Polierstrategie Fa. Meierkort (1.2343 und 1.2738)

Comparison of roughness values of polishing strategy Co. Meierkort (Steel 1.2343 and 1.2738)

Während der Rz-Wert bei den Polierschritten des gehärteten Stahls (1.2343) kontinuierlich geringer wird, steigt dieser im Falle der weicheren Stahllegierung (1.2738) zunächst auf einen Wert von 309 nm an, bevor er sich durch die Polierschritte 2-5 kontinuierlich verringert. Dieser Anstieg ist durch die Verwendung des harten Polierwerkzeugs (Bürste hart) im ersten Polierschritt zu erklären. Es ist davon auszugehen, dass in diesem Polierschritt auftretende Polierdefekte (z.B. Kratzer) zu einer Aufrauhung der Oberfläche führen.

Die polierten Oberflächen beider Stahlsorten erreichen nach einer durchschnittlichen Bearbeitungsdauer von ca. 15 Minuten insgesamt Rz-Werte von rund 120 nm und Ra-Werte < 20 nm. Aufgrund der gemessenen Rauheitswerte können die bearbeiteten Oberflächen als Hochglanz polierte Oberflächen klassifiziert werden.

6.4 Beschreibung des Polierpfads mittels der Fraktal-Theorie

Describing the polishing path on basis of the fractal theory

Mit Hilfe der aufgebauten sensorintegrierten Polieranlage (PKE) (s. Kapitel 5) wurde neben der Anpresskraft und der Drehzahl auch der Polierpfad als Einflussparameter betrachtet. Die hierbei aufgezeichneten Polierpfade können Anhang C entnommen werden. Abbildung 6-6 zeigt exemplarisch den Polierpfad des Polierschritts 1, Bürste hart, 7 µm am Beispiel des Stahls 1.2343.

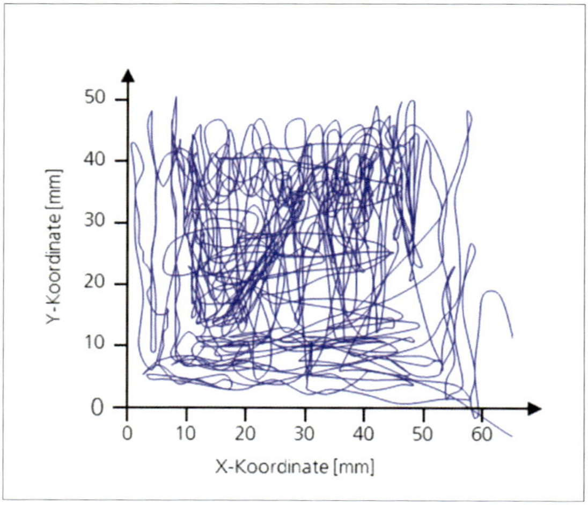

Abbildung 6-6: Bildliche Darstellung des Polierpfads, Schritt 1, Bürste hart, 7 µm

Visualisation of polishing path, step 1, brush hard, 7 µm

In den folgenden Kapiteln werden die einzelnen Schritte erklärt, die zur analytischen Beschreibung des Polierpfads auf Basis der Fraktal-Theorie verwendet werden. In einem ersten Schritt werden die Boxdimensionen der Polierpfade und der Richtungswechsel berechnet.

Anschließend wird in der Programmiersprache Java ein Algorithmus entwickelt, der die automatische Analyse der aufgenommenen Pfade erlaubt. Die weitere Auswertung und anschließende Verifikation des Prozessmodells ist in Kapitel 7 beschrieben.

6.4.1 Berechnung und Analyse der Box-Dimension

Calculation and analysis of box-dimension

Zur Berechnung der Box-Dimension wurde die Software „Benoit v1.31" der Fa. TruSoft Int'l Inc. Eingesetzt. Für die Bestimmung der Box-Dimensionen wurde ein invertiertes Bild der Polierpfade erstellt, welches anschließend in die Software geladen wurde. Auf Basis der in Kapitel 0 beschriebenen Boxcounting Methode und der entsprechenden Gleichung 3.1 berechnet die Benoit-Software die Dimension der Polierpfade.

Die Berechnungen der Box-Dimensionen der aufgezeichneten Polierpfade ergeben Werte zwischen 1,4 und 1,7 (Tabelle 6-9). Dies zeigt, dass die untersuchten Pfade der Werkzeuge Bürste, Filz und Watte einer gebrochen rationalen Dimension entsprechen. Darüber hinaus stimmen die berechneten Box-Dimensionen der Pfade für Bürste und Filz ($D \approx 1,5$) sehr gut mit den Dimensionen der Augenbewegungen nach [FAIR11] überein. Aus dieser Korrelation lässt sich die in Kapitel 3.3.3 aufgestellte Vermutung eines Zusammenhangs zwischen den Bewegungen der Augen und der Hände bestätigen. Auf Basis der verwendeten Versuchsanordnung ist es allerdings nicht möglich, nach Ursache und Wirkung zu unterscheiden. Es kann also nicht geklärt werden, ob der Polierer dorthin schaut, wo er poliert, oder dort poliert, wohin er schaut. Die etwas erhöhte Boxdimension für den 5. Polierschritt „Watte" von $D = 1,7$ weist darauf hin, dass es sich bei dieser Bewegung um eine deutlich schnellere, eher intuitive Bewegung des Polierers handelt, bei der eine Abweichung zwischen dem Bewegungsmuster der Augen und den Bewegungen des Polierwerkzeuges besteht. Es ist anzunehmen, dass der Polierer bei diesem Polierschritt den Bewegungen des Polierwerkzeugs nicht aktiv mit den Augen folgt. Nähere Beschreibungen zu den einzelnen Pfaden werden in Kapitel 7.1 näher erläutert.

Stahlsorte	Polierschritt	Gemittelte Box-Dimension
1.2343	Bürste hart 7 µm	1,5
	Bürste weich 7 µm	1,4
	Bürste weich 3 µm	1,5
	Filz 3 µm	1,5
	Watte 3 µm	1,7
1.2738	Bürste hart 7 µm	1,4
	Bürste weich 7 µm	1,5
	Bürste weich 3 µm	1,5
	Filz 3 µm	1,5
	Watte 3 µm	1,7

Tabelle 6-9: Berechnete Box-Dimensionen der untersuchten Polierschritte

Results of the box dimension calculation of the polishing paths

Mit Hilfe der Berechnung der Box-Dimension konnte gezeigt, dass es sich bei den aufgenommenen Pfaden um Pfade mit gebrochen rationaler Dimension handelt. Diese Berechnung zeigt allerdings nicht, aus welchen Mustern sich der Polierpfad zusammensetzt. Dies soll im Folgenden näher erläutert werden.

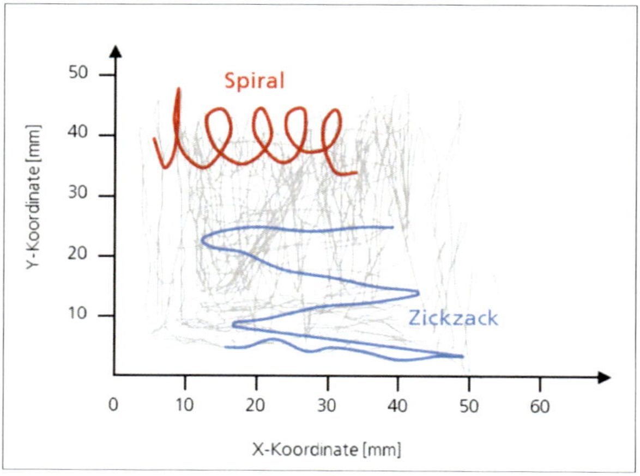

Abbildung 6-7: Spiral- und Zickzackmuster im Gesamtpolierpfad, Stahl 1.2343
Spiral and zigzag-patterns of complete polishing path, steel 1.2343

Abbildung 6-7 zeigt, dass sich der Gesamtpfad aus einer Kombination verschiedener wiederkehrender Grundbewegungsmuster zusammensetzt (hier am Beispiel der Spiral- und der Zickzackbahn). Für die weiterführende Analyse und Quantifizierung der Polierpfade wurde eine ortsaufgelöste Pfadanalyse auf Basis der Programmiersoftware Java entwickelt (Quellcode in Anhang F). Das folgende Kapitel beschreibt den Aufbau und die Anwendung dieses Algorithmus.

6.4.2 Aufbau des Algorithmus zur Pfadanalyse

Developing of path analyzing algorithm

Für die Analyse der Bewegungen des manuellen Polierens wurde ein Pfad-Analyse-Algorithmus (PAA) entwickelt, welcher durch Extraktion einzelner Bereiche des Polierpfades eine quantitative Aussage über das Auftreten der erwähnten wiederkehrenden Polierbewegungen erlaubt. Diese Bereiche entsprechen den bereits in der Literatur beschriebenen Bewegungsmustern ([TUEC12]; [WILB12]), die im Rahmen der automatisierten Polierbearbeitung als programmierbare Polierbahnen für Polierroboter eingesetzt werden.

Neben den drei bereits bekannten Bewegungsmustern Zickzackbahn (ähnlich S/Z-Raster), Spiralbahn (analog zu den Zykloiden) und Randombahn (Random-Walk) wurde aus den in dieser Arbeit aufgezeichneten manuellen Polierpfaden eine zusätzliche, oszillierende Bewegung identifiziert.

Diese, fortan als Seesaw-Bahn (Wippenbewegung) bezeichnete Bewegung, stellt eine Zickzackbahn dar, bei welcher der Polierer während der Oszillation eine Richtungsumkehr der Relativbewegung durchführt. Dies führt zu einem sägezahnartigen Polierpfad, welcher schematisch in Abbildung 6-8 dargestellt ist.

Anzumerken ist, dass in den Polierversuchen für diese Dissertation ausschließlich plane Probenoberflächen eingesetzt wurden. Um diese Pfade zu analysieren, werden in der aktuellen Version des Pfad-Analyse-Algorithmus (PAA) folglich nur die X- und Y-Koordinaten betrachtet. Für weiterführende Untersuchungen an komplexen Oberflächen ist eine Anpassung des Algorithmus zur Berücksichtigung der Z-Koordinaten einfach möglich.

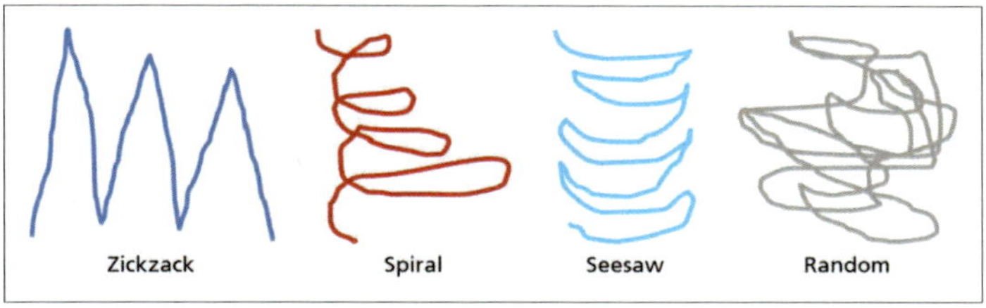

Abbildung 6-8: Schematische Darstellung der identifizierten Bewegungsmuster
Schematic illustration of identified patterns

Der Algorithmus zur Pfadanalyse besteht aus 2 Teilen. Während im ersten Programmteil die Unterteilung des Pfades in die o. g. Bewegungsmuster durchgeführt wird, dient der zweite Programmteil der Untersuchung der Selbstüberschneidung des Pfades unter Berücksichtigung des Polierdrucks.

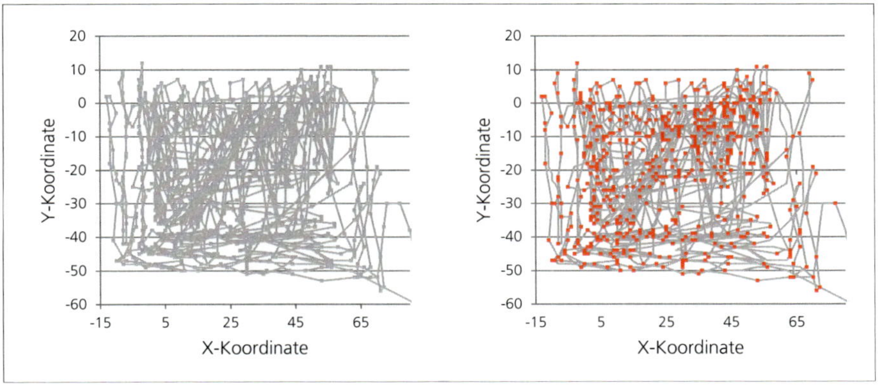

Abbildung 6-9: Messdaten- und Pfadwendepunkte eines Polierpfads (Bsp. 1.2343)
Data and path turning points of polishing path (e.g. 1.2343)

Wie in Abbildung 6-7 dargestellt, besitzt der Gesamtpolierpfad eine komplexe, sogar chaotische Geometrie. Für die Identifizierung der Bewegungsmuster betrachtet der PAA zunächst die in Abbildung 6-9 (links) dargestellten Einzelmessdatenpunkte.

Der Algorithmus durchläuft nun die Liste der Datenpunkte von oben nach unten und untersucht, in welchem Quadranten sich der jeweils nachfolgende Messwert ($P_{x(t+1)}$) befindet (Abbildung 6-10).

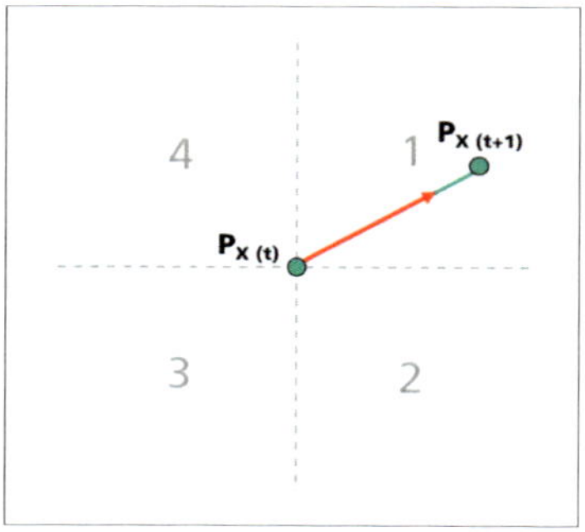

Abbildung 6-10: Zuordnung der Richtungsvektoren
Allocation of direction vector

Dabei wird eine Tabelle erzeugt, welche jedem Messdatenpunkt einen Richtungsvektor (den entsprechenden Richtungsquadranten 1-4) zuordnet. Im nächsten Schritt wird untersucht, bei welchen Punkten ein Quadrantenwechsel stattfindet. Die Bestimmung dieser Wendepunkte führt zu einer Reduzierung des zu berücksichtigenden Datenumfangs und bildet die Grundlage für die Identifizierung der Bewegungsmuster. Die ermittelten Wendepunkte sind für den gezeigten Beispiel-Pfad in Abbildung 6-9 (rechts) durch rote Symbole hervorgehoben.
Für die Identifikation der Bewegungsmuster analysiert der PAA nun die aufeinanderfolgenden relativen Richtungswechsel der Polierbewegung. Alterniert der Polierpfad mehrmals zwischen zwei gegenüberliegenden Quadranten (z. B. 1212 oder 1313 oder 2424 usw.), handelt es sich um eine Zickzackbewegung (Abbildung 6-11). Durchläuft der Polierpfad nacheinander alle Ortsquadranten, liegt eine Spiralbewegung vor (Abbildung 6-12). Bei der Seesaw-Bewegung beginnt der Algorithmus wie bei der Zickzackbewegung oszillierend durch zwei Quadranten (414) und ändert dann, wie in Abbildung 6-13 beschrieben, seine Richtung und oszilliert durch die anderen zwei Quadranten (323).
Die Zuordnung der Bewegungsmuster erfolgt unabhängig von der Orientierung und Bewegungsrichtung des zu identifizierenden Pfadbereiches, in dem der PAA alle möglichen Quadranten-Wechsel-Kombinationen berücksichtigt. Bei der Extraktion der Bewegungsanteile werden nacheinander Zickzack-, Spiral- und Seesaw-Bereiche identifiziert. Hierbei werden erkannte Pfadbereiche aus der Grundgesamtheit entfernt, sodass jedem Bereich lediglich eine Bewegungsart zugeordnet werden kann. Bereiche, bei denen keine Einteilung in eines der drei Bewegungsmuster möglich ist, werden als Random bezeichnet.

Der zweite Teil des PAA analysiert die ortsaufgelöste Häufigkeit der Pfadüberschneidungen auf der polierten Fläche. Dies wird realisiert, indem die betrachtete Polierfläche durch die Berechnung der maximalen X- und Y-Werte mit einer Gitterweite von 1 mm gerastert wird (analog zu Abbildung 5-7). Jeder Rasterpunkt besitzt zunächst die Wertigkeit Null.

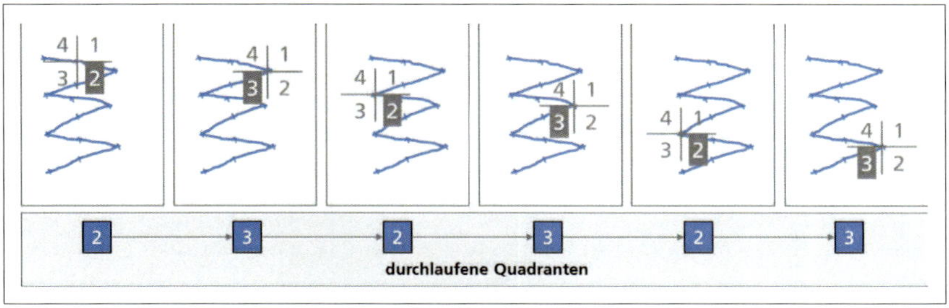

Abbildung 6-11: Bsp. Pfadanalyse Zickzack Quadranteneinteilung

Path analysis- zigzag – classification of quadrants

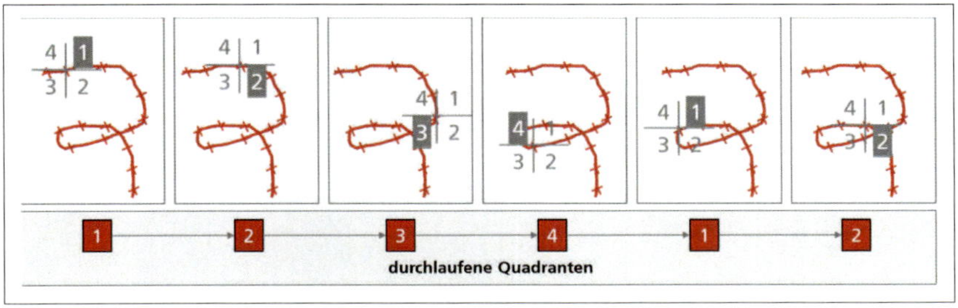

Abbildung 6-12: Bsp. Pfadanalyse Spiral-Quadranteneinteilung

Path analysis spiral – classification of quadrants

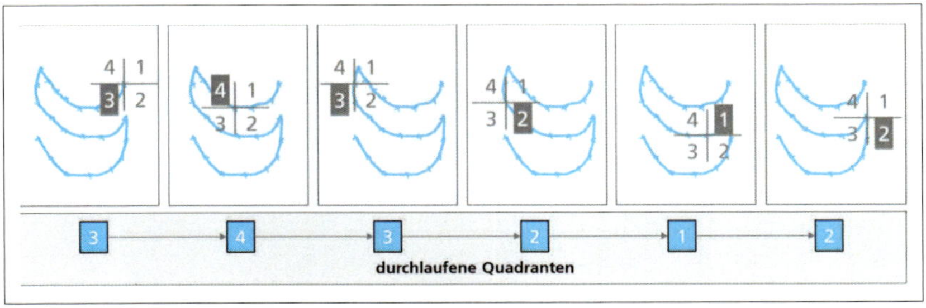

Abbildung 6-13: Bsp. Pfadanalyse Seesaw-Quadranteneinteilung

Path analysis seesaw – classification of quadrants

Durch Berechnung der Geradengleichung

$$\vec{X}=\vec{s_1}+u*(\vec{s_1}-\vec{s_2}) \qquad \textbf{6.1}$$

$\vec{s_1}$ = Ortsvektor | u = Skalar | $\vec{s_1}-\vec{s_2}$ = Richtungsvektor

zwischen zwei aufeinanderfolgenden Punkten kann der Schnittpunkt mit dem Raster berechnet werden. Bei jedem Schnittpunkt wird die Wertigkeit des Rasters um 1 erhöht und es entsteht eine sogenannte „PathMap"/ Pfadüberdeckungsmatrix, die die Lage und die Häufigkeit der Pfadüberschneidungen enthält und visualisierbar macht (Abbildung 6-14).

Eine zusätzliche Funktion des PAA ist die Möglichkeit der Berechnung eines Kraftverteilungsprofils aus den aufgezeichneten Messdaten der Handpolierversuche. Die Preston-Hypothese (Gleichung 2.1) dient hier aufgrund ihrer mathematischen Einfachheit als Grundlage für die Erweiterung des Algorithmus (der Preston-Koeffizient K wird im Folgenden als konstant vorausgesetzt).

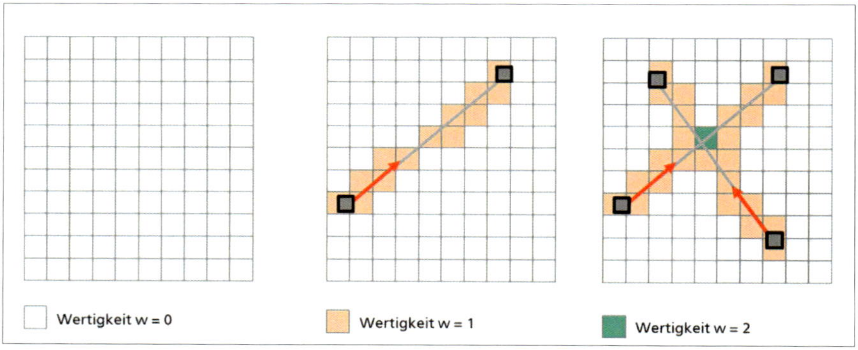

Abbildung 6-14: Schematische Darstellung der Pfadüberschneidungen

Schematic example of path crossing

Die Relativgeschwindigkeit v_{rel} berechnet sich als die Differenz zweier Punkte des Polierpfades in Abhängigkeit von der verstrichenen Zeit.

$$v_{rel}=\begin{pmatrix} S_{x2}-S_{x1} \\ S_{y2}-S_{y1} \end{pmatrix} * \frac{1}{(t_2-t_1)} \quad \left[\frac{m}{s}\right] \qquad \textbf{6.2}$$

v_{rel}=Relativgeschwindigkeit $\Big|$ $\begin{pmatrix} S_{x2}-S_{x1} \\ S_{y2}-S_{y1} \end{pmatrix}$ = Differenz zweier Punkte $\Big|$ t=Zeit

Der durchschnittliche Anpressdruck p in Abhängigkeit vom Werkzeugdurchmesser ø ergibt sich aus Gleichung 6.3.

$$p = \frac{F}{\pi^* \left(\frac{\varnothing}{2}\right)^2} \quad \left[\frac{N}{m^2}\right] \qquad \textbf{6.3}$$

p = Anpressdruck | F = Kraft | ø = Werkzeugdurchmesser

Da in den durchgeführten Polierversuchen ausschließlich mit Polierwerkzeugen gearbeitet wurde, die einen Durchmesser von d = 10 mm besaßen, wurde im PAA für die Berechnung der Pfadüberschneidungsmatrix eine Konstante für den Durchmesser des Polierwerkzeuges implementiert, welche für weitere Polierversuche gegebenenfalls angepasst werden muss.

Durch Kombination der physikalischen Größen Relativgeschwindigkeit und Polierdruck pro Fläche (siehe Gleichungen 2.1, 6.2 und 6.3) errechnet der PAA aus der Pfadüberschneidungsmatrix ein Kraftverteilungsprofil. Dieses gibt Aufschluss darüber, welche Probenbereiche der Polierer während des Handpolierens entweder durch höheren Druck oder mehrmalige Überfahrung stärker bearbeitet. Schlussendlich kann mit Hilfe des Kraftverteilungsprofils bewertet werden, wie gleichmäßig der Handpolierer eine zu polierende Oberfläche bearbeitet.

6.4.3 Validierung des PAA

Validation of PAA

Für die Validierung des PAA werden Beispiel-Pfade für Zickzack-, Spiral- und Seesaw-Bewegungen erzeugt, die die Grundlage für die Überprüfung der Funktionalität des Algorithmus bilden. Neben den genannten Einzelmusterpfaden dienen zwei Pfade mit Kombinationen aus Zickzack- Spiral- und Seesaw-Bewegungen für die Validierung des PAA. Diese sind zusammengefasst in Abbildung 6-15 und Abbildung 6-16 dargestellt.

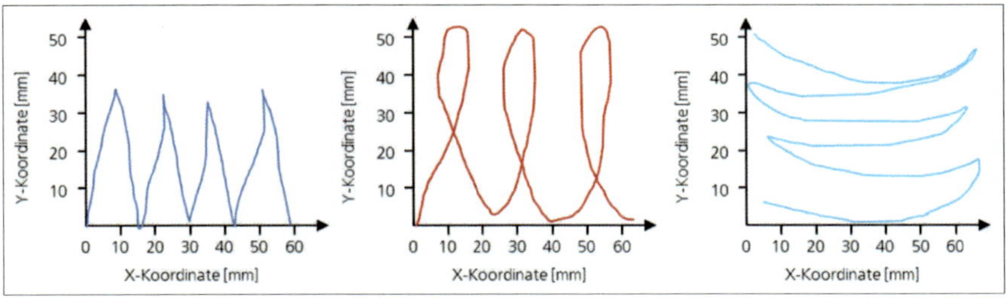

Abbildung 6-15: Auszug der Muster Zickzack, Spiral und Seesaw zur Validierung des PAA

Parts of path patterns zigzag, spiral and seesaw for validating PAA

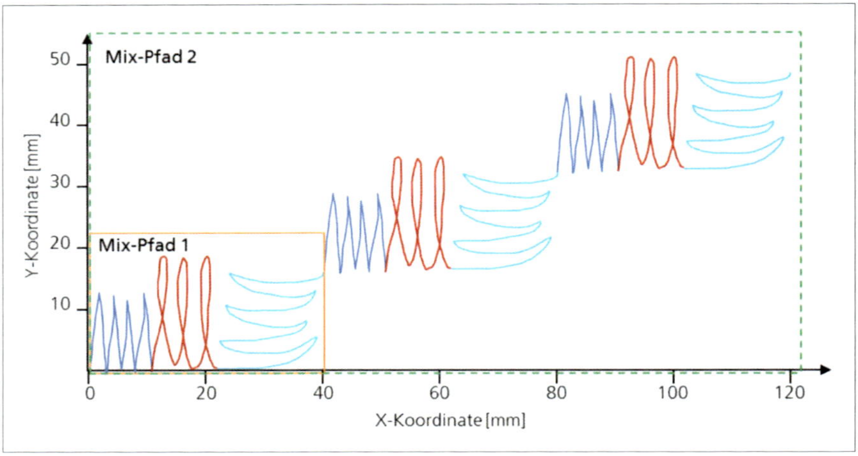

Abbildung 6-16: Validierung Pfadmuster – Mix-Pfade, wobei Mixpfad 1 ⊆ von Mixpfad 2

Validated path pattern – mixed path, mix-path 1 ⊆ mix path 2

Nach der Erzeugung der oben dargestellten Bewegungsmuster wurden deren Datentabellen in sogenannte csv-Dateien exportiert, die ihrerseits beim Ausführen des PAA automatisch eingelesen und analysiert werden. Dabei erstellt der PAA mehrere Ergebnisdateien, in denen jedem Pfadintervall die entsprechende Bewegungsform zugeordnet ist.

Dateiname	Erläuterung
EffectCounter.csv	Pfadüberdeckungsmatrix mit Krafteinfluss
RunCoutner.csv	Pfadüberdeckungsmatrix ohne Krafteinfluss
SpiralList_*.csv	Einzeldateien für jedes Spiralmuster
SpiralListSummary.csv	Zusammenfassung aller Spiralanteile
WatteList_*.csv	Einzeldateien für jedes Seesawmuster
WatteListSummary.csv	Zusammenfassung aller Seesawanteile
ZigZagList_*.csv	Einzeldateien für jedes Zickzackmuster
ZigZagListSummary.csv	Zusammenfassung aller Zickzackanteile
Wendepunkte.csv	Liste der Wendepunkte

Tabelle 6-10: Ergebnisdateien des PAA

Result files of PAA

Diese Ergebnisdateien können schließlich mit den Software-Tools Origin und MS-Excel ausgewertet werden.

Da Origin über eine komfortable Importfunktion verfügt, bei der die Ausführung selbstprogrammierter Skripte möglich ist, wurde in der Skriptsprache „LabTalk" ein Import- und Auswertealgorithmus implementiert, der die Ergebnisdateien des PAA selbstständig für die finale Auswertung in Excel vorbereitet (s. Anhang G). Die bei der Origin-Auswertung erhaltenen Ergebnis-Spalten (Zeit, X-Y-Koordinaten und Pfadart) müssen im finalen Auswertungsschritt in die Excel-Ergebnistabelle kopiert werden.

Hierbei werden die entsprechenden Analysediagramme (Abbildung 7-1 bis Abbildung 7-4) automatisch erstellt. In Abbildung 6-17 wird der schematische Ablauf der Auswertung des PAA aufgezeigt.

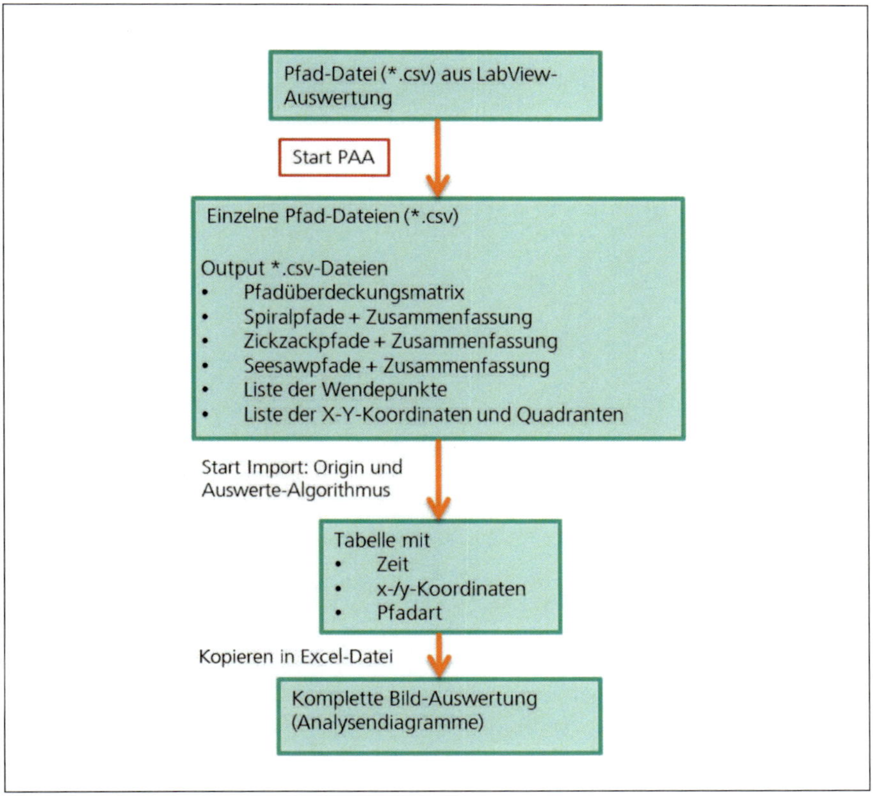

Abbildung 6-17: Auswertungs-Schema der Pfadanalyse
Resulting-Scheme of path analysis

Tabelle 6-11 und Abbildung 6-18 zeigen, dass der PAA bei Pfaden mit nur einem Bewegungsmuster eine Erkennungsgenauigkeit von über 99% erreicht. Die dabei auftretende 1%ige Unsicherheit resultiert aus der Tatsache, dass bei der Identifizierung der Bewegungsmuster Zickzack und Spiral die ersten und letzten Pfadpunkte als Random interpretiert werden, da durch den Start bzw. Abbruch des Pfades die Zuordnungsbedingung des Algorithmus nicht erfüllt wird.

	Zickzack	Spiral	Seesaw	Mix-Pfad 1	Mix-Pfad 2
Erwartungswert [%]	100	100	100	33,3 / 33,3 / 33,3	33,3 / 33,3 / 33,3
PAA [%]	99,7	99,1	100	33,4 / 33,4 / 33,2	31,7 / 37,0 / 30,7

Tabelle 6-11: Vergl. der erwarteten Pfadanteile mit Ergebnissen des PAA (Validierung)

Comparison of expected and calculated path percentages (validation)

Für die Validierung eines gemischten Pfades (Mix-Pfad 1) wurde gemäß Abbildung 6-16 ein Pfad erzeugt, bei dem nacheinander die Bewegungsmuster Zickzack, Spiral und Seesaw mit einem jeweiligen Pfadanteil von 1/3 auftreten. In diesem Fall gelang dem PAA die Identifizierung der einzelnen Bewegungsmuster zu 99 % (s. Abbildung 6-18).

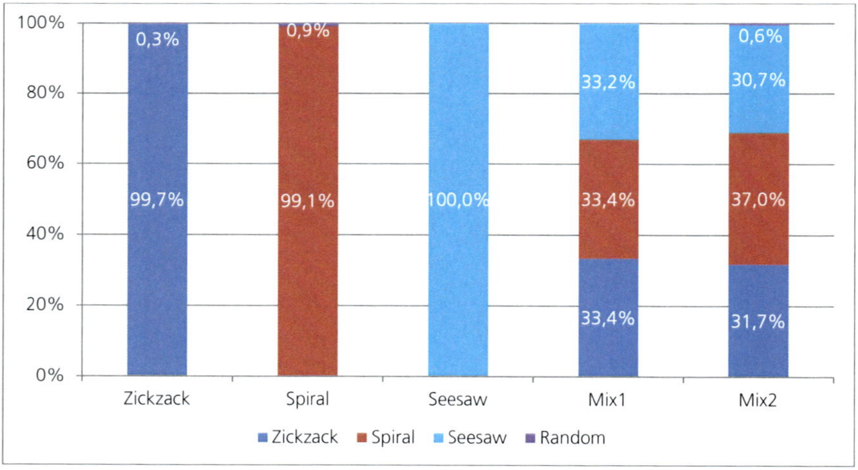

Abbildung 6-18: Identifizierung einzelner Bewegungsmuster – Validierung PAA

Identification of single path patterns – validation PAA

Um realistische Validierungsbedingungen zu schaffen, wurde ein zweiter Mix-Pfad (Mix-Pfad 2) erstellt, bei dem sich das Bewegungsmuster (Zickzack, Spiral, Seesaw) alle 3 Sekunden ändert (Abbildung 6-16). Der theoretische Erwartungswert für alle 3 Bewegungsmuster liegt hier ebenfalls bei jeweils 33,3 %.

Die Ergebnisse der Validierungstests des PAA sind in Abbildung 6-18 zusammenfassend dargestellt und zeigen erwartungsgemäß Abweichungen zu den erwarteten Werten. Diese Abweichungen ergeben sich, da der PAA bei der Identifizierung der Bewegungsmuster zunächst die Spiralanteile bestimmt und erst anschließend Zickzack- und Seesaw-Bereiche identifiziert. Aus diesem Grund findet der PAA für den Pfad Mix-2 einen Spiralanteil von 37,0 %, was bei der Betrachtung des Pfades (ein formal korrektes Ergebnis darstellt.

Zusammenfassend kann festgehalten werden, dass mit den durchgeführten Untersuchungen zur Validierung des PAA eine zuverlässige Identifizierung der Pfadanteile Spiral, Zickzack und Seesaw über den Algorithmus erfolgt. Im folgenden Kapitel werden die durch Polierexperten aufgenommenen Pfade mit Hilfe des PAA ausgewertet und diskutiert.

7 Auswertung und Diskussion der Ergebnisse

Evaluation and discussion of results

Unter Verwendung des in Kapitel 5 beschriebenen Messsystems zur Erfassung der Prozessparameter beim manuellen Polieren soll mit Hilfe des in Kapitel 6 entwickelten PAA eine detaillierte Analyse des Polierpfades erfolgen.

7.1 Analyse der Polierpfade

Evaluation of polishing paths

Die während der Versuche im manuellen Polierprozess aufgezeichneten Polierpfade aller Polierschritte (siehe Abbildung 6-6) sollen in diesem Kapitel genauer analysiert und bewertet werden. Dabei soll unter Zuhilfenahme des in Kapitel 6.4.2 vorgestellten PAA eine Quantifizierung der im Pfad enthaltenen Bewegungsanteile vorgenommen werden. Ferner soll in diesem Zusammenhang eine ortsaufgelöste Diskussion der Einflussparameter Poliervorschubgeschwindigkeit und Anpresskraft erfolgen.

7.1.1 Analyse der Bearbeitungsdauer

Analysis of polishing duration

Aus den in Tabelle 7-1 aufgeführten Bearbeitungszeiten aller Polierversuche wird ersichtlich, dass der Polierer für jeden Polierschritt unterschiedliche Bearbeitungszeiten gewählt hat. Zeitintervalle, in denen das Polierwerkzeug keinen Kontakt mit der Stahloberfläche hatte (temporäres Absetzen), wurden durch den PAA vernachlässigt.

	Stahl 1.2343	**Stahl 1.2738**
	Ø Bearbeitungszeit [s]	
Bürste hart 7 µm	250,0	120,0
Bürste weich 7 µm	70,0	90,0
Bürste weich 3 µm	150,0	120,0
Filz 3 µm	20,0	50,0
Watte 3 µm	130,0	560,0

Tabelle 7-1: Durchschnittliche Bearbeitungszeiten

Average values of polishing time

Die durchschnittlichen Bearbeitungszeiten in Tabelle 7-1 beziehen sich hierbei auf alle durchgeführten Polierversuche. Die Pausen, die durch ein Absetzen während des Polierens entstanden sind, wurden hier nicht berücksichtigt, weshalb kein Rückschluss auf die Gesamtpolierzeit (ca. 15 min) gezogen werden kann. Die reine Polierbearbeitungszeit des Stahls 1.2343 liegt im Durchschnitt bei ca. 10 min und beim Stahl 1.2738 bei ca. 14 min. Unabhängig von den Pausen des Polierers werden bei allen Versuchswiederholungen ähnliche Bearbeitungszeiten pro Polierschritt erreicht. Generell wird deutlich, dass bei dem gehärteten Stahl 1.2343 zur Vorbearbeitung mit harten Werkzeugen (Bürsten) die Bearbeitung länger durchgeführt wird als beim ungehärteten Stahl.

Entsprechend lange wird der finale „Watte-Schritt" beim Stahl 1.2738 durchgeführt. Dieser systematische Zusammenhang konnte bei allen Versuchen gezeigt werden.

7.1.2 Quantifizierung der Bewegungsmuster

Quantification of polishing path patterns

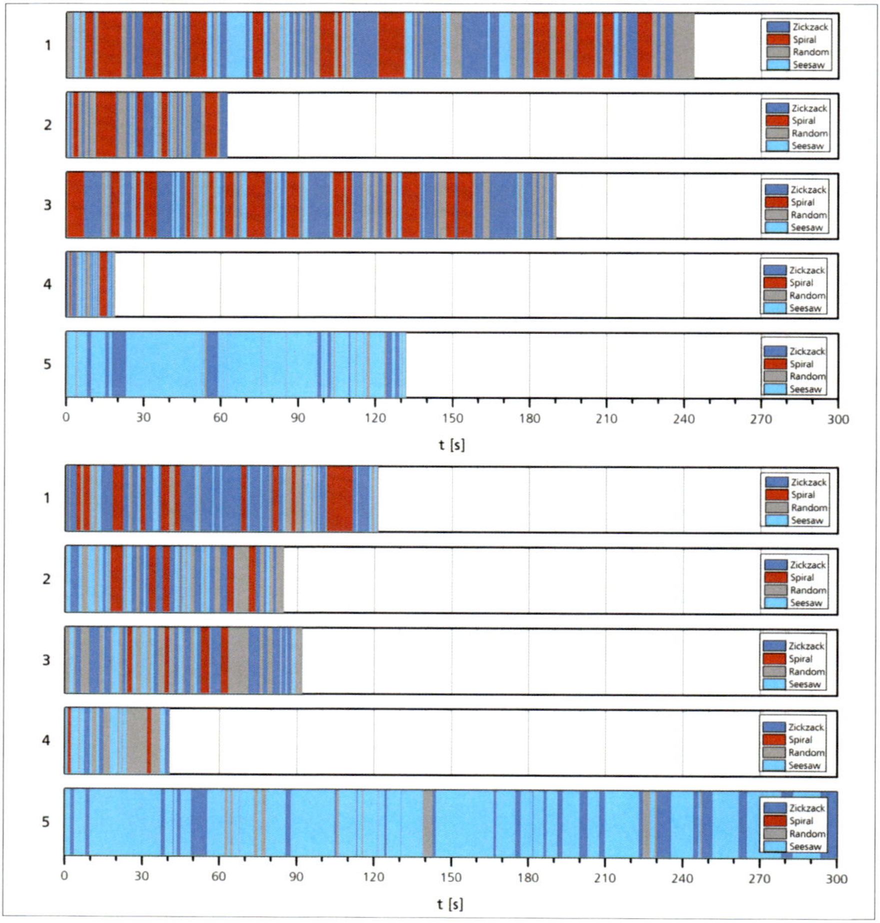

Abbildung 7-1: Auswertung PAA Stahl 1.2343 (oben) und Stahl 1.2738 (unten)

Evaluation of polishing paths – steel 1.2343 (top) and 1.2738 (bottom)

In Abbildung 7-1 wurden die analysierten Bewegungsanteile (Zickzack, Spiral, Random und Seesaw – in den Farben blau, rot, grau und hellblau) gegen die Polierdauer (x-Achse) aufgetragen. Die Punkte 1 – 5 in dem Diagramm beziehen sich auf die einzelnen Polierschritte der Polierstrategie aus Tabelle 6-8. Als Diagrammtyp wurde hierfür ein gestapeltes Balken-Diagramm gewählt, welches typischerweise für die Darstellung von fragmentierten Anteilen von Computerfestplatten verwendet wird. Analog hierzu beschreiben die einzelnen Fragmente die Bewegungsmuster des Polierpfads. Abbildung 7-1 dient als Übersicht der Versuchsauswertung und soll einen ersten Eindruck darüber geben, dass der Polierer die Wahl des Poliermusters sehr intuitiv wählt und zumindest in der Abfolge der eingesetzten Bewegungen keine Gleichmäßigkeit zu sehen ist. Um eventuelle Gleichmäßigkeiten in der Quantität der eingesetzten Polierbewegungen feststellen zu können, werden die einzelnen Polierschritte im Folgenden genauer analysiert.

Der Vergleich der prozentualen Anteile der Polierpfade in Abbildung 7-2 zeigt eine signifikante Abnahme der Spiralanteile bei beiden Stahlsorten von Polierschritt 1 – 5. Der finale Polierschritt 5 enthält gar keine Spiralanteile. Sehr deutlich ist dies vor allem beim Polierpfad des weichen Stahls 1.2738, der insgesamt weniger Spiralanteile aufweist als der des harten Stahls 1.2343. Dabei ist auffällig, dass innerhalb der Polierstrategie von Schritt zu Schritt die Spiralanteile deutlich abnehmen. Beim 1.2343 hingegen sind die Spiralanteile bei den ersten drei Schritten verhältnismäßig gleich (27-31%) und werden erst ab Schritt vier geringer. Gleichmäßigkeiten sind auch beim gehärteten Stahl für den Zickzack- und Seesaw-Pfad ersichtlich. Diese beiden Bewegungsanteile bleiben bei den Polierschritten 1 – 4 konstant im Bereich von 33 % - 39 % (Zickzack) und 8% - 12 % (Seesaw). Dieser Trend ist sowohl bei dem Zickzack- als auch beim Seesaw-Muster des Stahls 1.2738 nicht zu erkennen. Beim Polierschritt 5 fällt allerdings bei beiden Stahlsorten sehr deutlich auf, dass das Seesaw- und das Zickzack-Muster beim Ausputzen mit Watte zu gleichen prozentualen Anteilen eingesetzt werden.

Schritt	Proz. Anteil beschreibbarer Pfade	
1	77,7%	80,7%
2	74,4%	72,6%
3	75,2%	66,9%
4	68,6%	60,6%
	90,6%	93,4%

Tabelle 7-2: Beschreibbare Gesamtanteile der Polierpfade Spiral, Zickzack und Seesaw

Sum of characterized path parts (spiral, zigzag, seesaw)

Wie Tabelle 7-2 zu entnehmen ist, liegen die durchschnittlichen Anteile der untersuchten Polierpfade in Summe zwischen 60-90 %. Die verbleibenden 10 bis 40 % Prozent können durch den PAA keinem dieser drei Bewegungsmuster zugeordnet werden und werden daher als Random identifiziert. Eine nähere Analyse dieser „Random"-Pfadanteile ergibt eine willkürliche Pfadstruktur, die keinerlei Symmetrien oder wiederkehrende Muster aufweist.

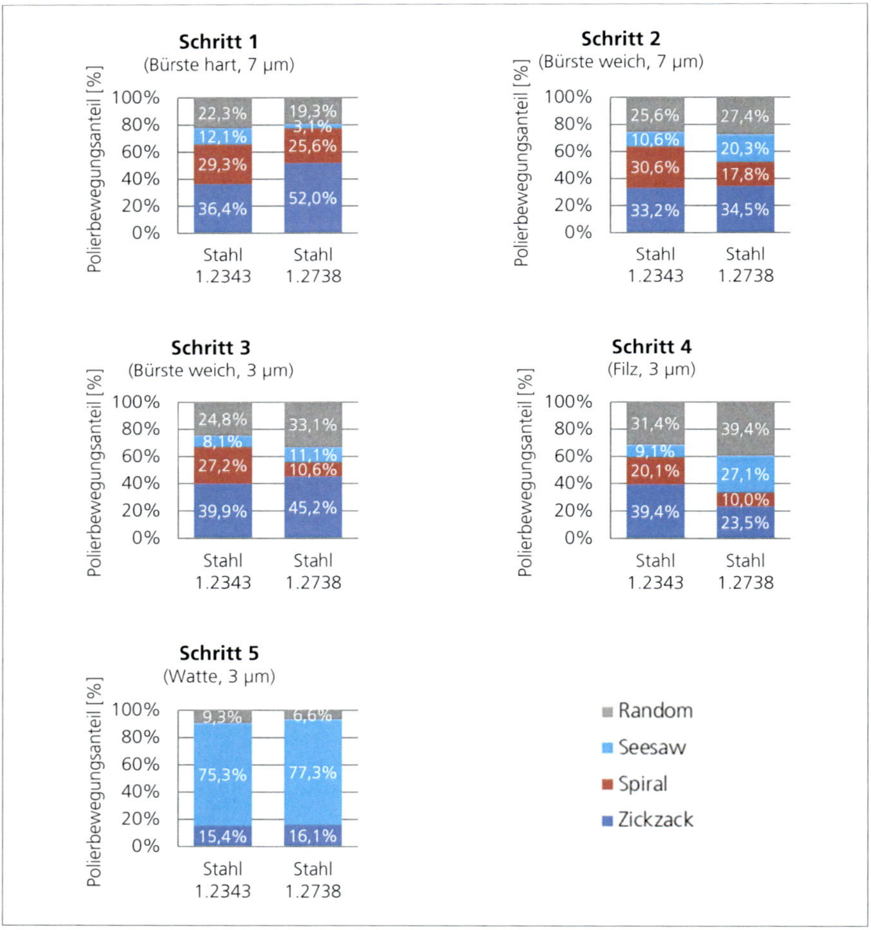

Abbildung 7-2: Prozentuale Anteile der Polierpfade (ø über 3 Versuchsreihen)

Percental shares of polishing paths

Der höhere Random-Anteil im Falle der Polierschritte 3 und 4 (1.2738, Bürste und Filz, 3 µm) ist dadurch zu erklären, dass der in diesem Fall vom Polierer einsetzte Arbeitsdruck (< 5 N) zu einer fehlerhaften Aufnahme der Bewegungskoordinaten durch die im Messsystem eingebauten Drucksensoren führte. Der durch den PAA nicht zuzuordnende Teil des Pfades liegt bei bis zu 40%.

Die prozentualen Bewegungsanteile aller Polierschritte sind in Abbildung 7-3 für beide Stahlsorten in einem X-Y-Diagramm dargestellt, um die Anteile beider Stahlsorten grafisch übersichtlich gegenüberstellen zu können. Dabei wird ersichtlich, dass die Polierbewegungsanteile der untersuchten Schritte eine Punktwolke ergeben und keinerlei lineare oder nichtlineare Korrelation besitzen. Lediglich der bereits erwähnte Polierschritt 5 (Ausputzen mit Watte – hier pink dargestellt) liegt auf einer Geraden. Dies bedeutet, dass die Polierdurchführung unabhängig von der Stahlsorte bei Schritt fünf immer zu gleichen Polierbewegungen durchgeführt wird. Bei allen anderen Polierschritten ist diese Gleichmäßigkeit im Vergleich zu den Stahlsorten demnach nicht zu sehen.

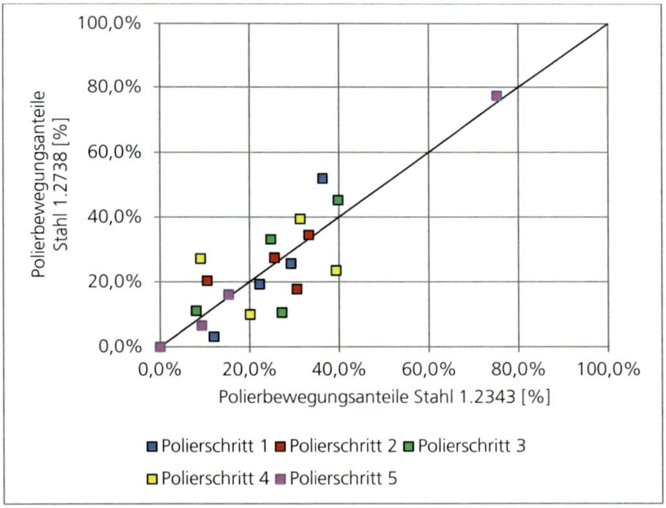

Abbildung 7-3: Polierbewegungsanteile untersuchter Stahlsorten
Shares of polishing patterns of analyzed steel grades

Die den nachfolgenden Grafiken (Abbildung 7-4 und Abbildung 7-5) sind die prozentualen Polierbewegungsanteile der Wiederholungsversuche beider Stahlsorten dargestellt. Darin wird ersichtlich, dass die Polieranteile je Polierschritt sehr einheitlich sind. Dies bedeutet, dass die Bewegungen des Polierers bei jedem Polierschritt intuitiv gleich große Bewegungsanteile (Seesaw, Spiral, Zickzack und Random) aufweisen. Dies gilt allerdings nicht für die Abfolge der ausgeführten Bewegungen.

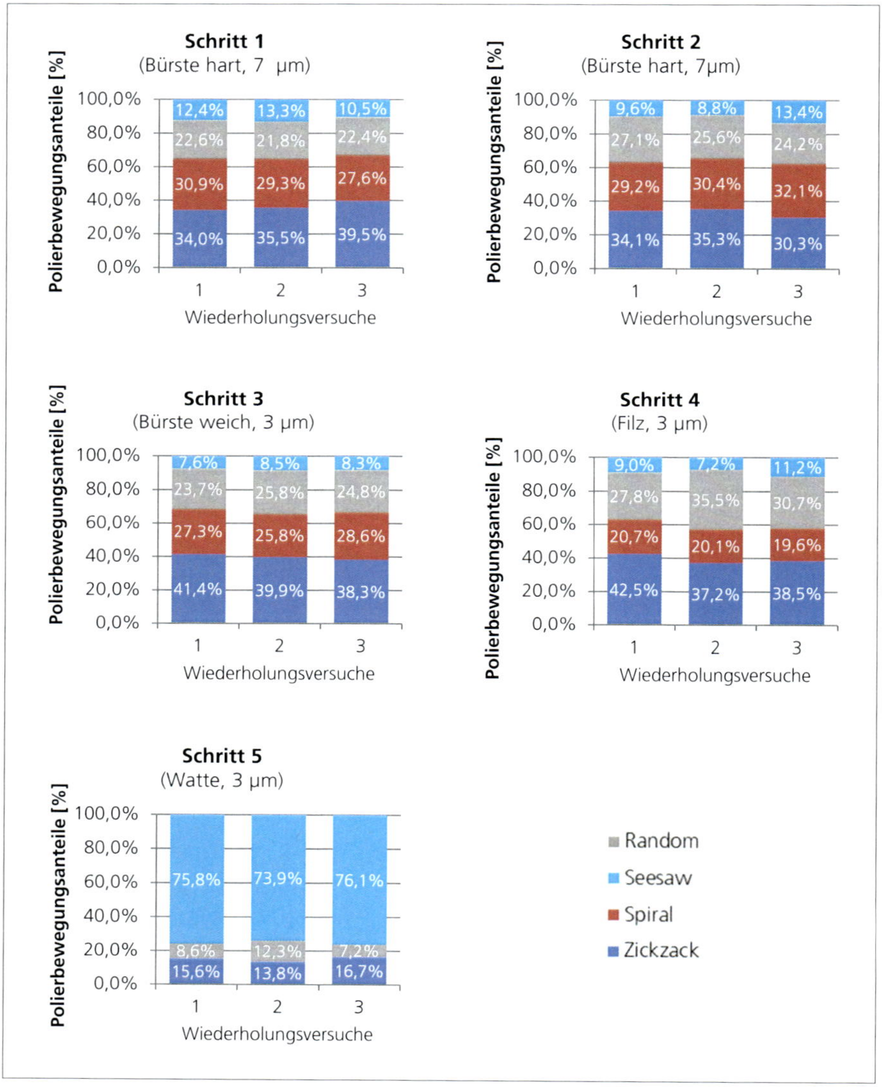

Abbildung 7-4: **Polierbewegungsanteile einzelner Polierschritte (Stahl 1.2343)**

Shares of polishing patterns of different polishing steps (steel 1.2343)

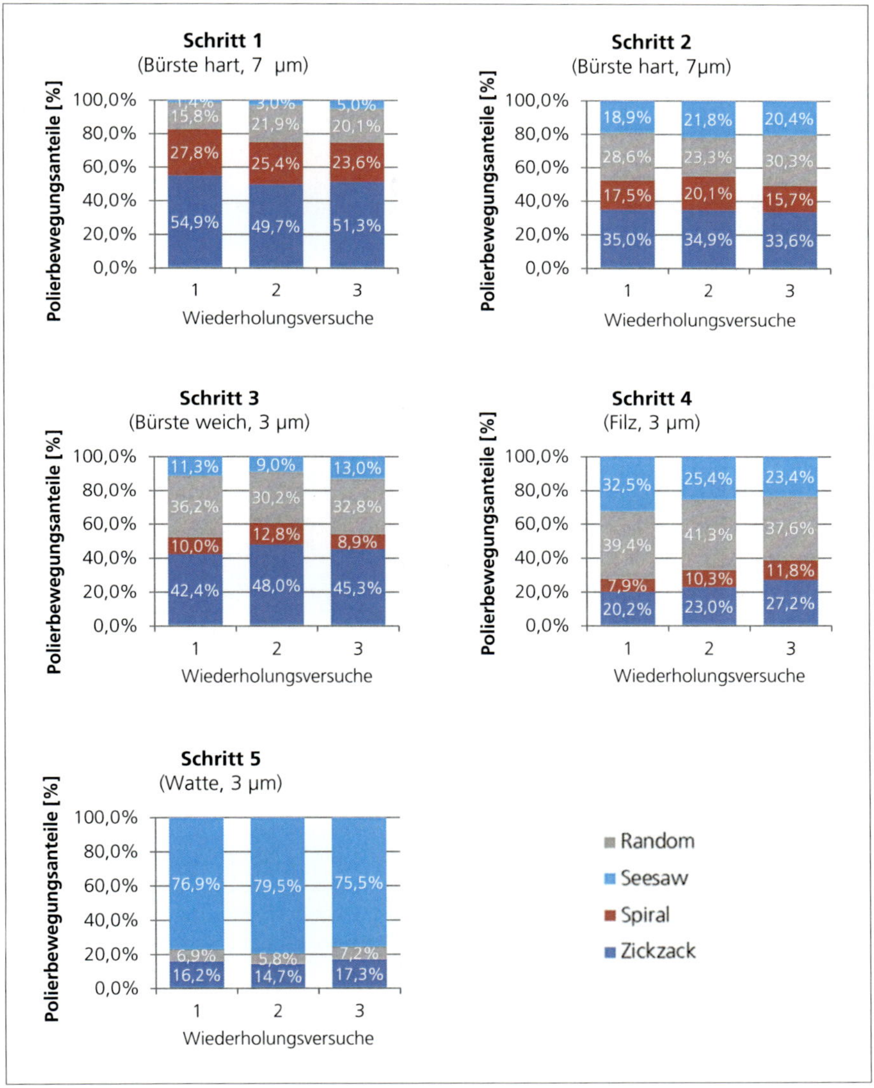

Abbildung 7-5: Polierbewegungsanteile einzelner Polierschritte (Stahl 1.2738)

Shares of polishing patterns of different polishing steps (steel 1.2738)

Wie aus den Grafiken aus Abbildung 7-4 und Abbildung 7-5 abgeleitet werden kann, führt der Polierer pro Polierschritt prozentual gesehen die gleiche Anzahl an Zickzack, Spiral, Random und Seesaw-Bewegungen durch. Diese Beobachtung stellt eine wichtige Erkenntnis für zukünftige Automatisierungsversuche dar. In Kapitel 7.3 soll eine Übetragung dieser Ergebnisse auf einen Polierroboter mit den entsprechenden Pfadanteilen erfolgen, um ein effizientes und möglichst defektfreies Ergebnis zu erreichen.

Zusammenfassend kann festgehalten werden, dass auf Grundlage der im Rahmen dieses Kapitels diskutierten Versuchsergebnisse die Bewegungen des Polierers beim manuellen Polieren in ihrer Abfolge sowohl in Bezug auf verschiedene Stahlsorten als auch auf verschiedene Polierwerkzeuge stark variieren. Die Analyse der prozentualen Anteile (unabhängig von der Zeit) ergab dennoch folgende Gleichmäßigkeiten:

1) Während des Polierprozesses nimmt der prozentuale Anteil der Spiralbewegung (Polierschritt 1-5) sukzessive ab.
2) Der Zickzack-Anteil liegt beim gehärteten Stahl (1.2343) bei den Schritten 1 – 4 konstant auf einem Niveau zwischen 33 - 39 %. Beim weicheren Stahl (1.2738) wurde in diesem Zusammenhang keine Gleichmäßigkeit festgestellt.
3) Im Rahmen von Wiederholversuchen konnte gezeigt werden, dass der Polierer bezogen auf die prozentualen Bewegungsanteile stets gleich viele Zickzack-, Spiral-, Seesaw- und Randombewegungen ausführt.
4) Der finale Polierschritt (Ausputzen mit Watte) weist bei beiden untersuchten Stahl-sorten identische Pfadanteile auf. Auffällig ist hierbei, dass die Polierzeit beim Stahl 1.2738 ca. viermal so groß war wie die des 1.2343. Dennoch traten in Bezug auf die prozentualen Bewegungsanteile keine signifikanten Unterschiede auf.

7.1.3 Analyse der relativen Poliervorschubgeschwindigkeit
Analysis of relative polishing feed rate

Da das Messintervall der Drucksensoren die Aufnahme von fünf Messwerten pro Sekunde ermöglicht, kann bei der Auswertung der Bewegungsdaten des Handpolieres eine Momentangeschwindigkeit des Polierwerkzeuges berechnet werden. Diese ist in den nachfolgenden Abbildungen (Abbildung 7-6 und Abbildung 7-7) für alle Polierschritte beider bearbeiteten Stahlsorten aufgetragen.

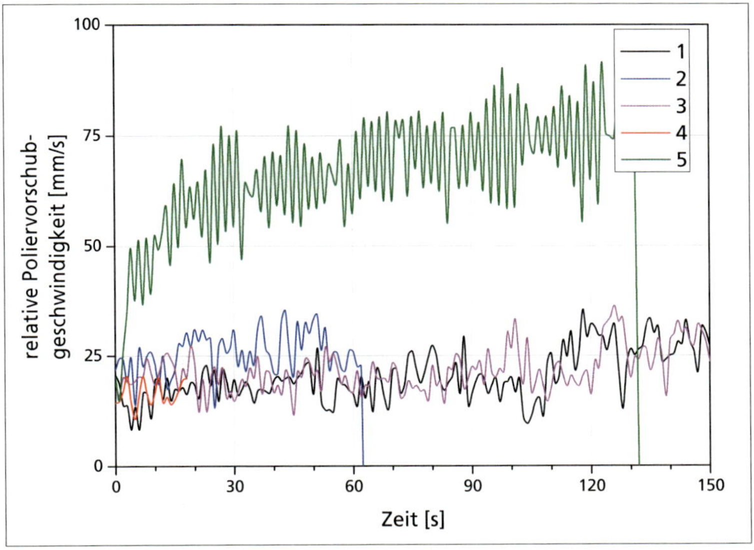

Abbildung 7-6: Relative Poliervorschubgeschwindigkeit Stahl 1.2343

Relative polishing velocity (steel 1.2343)

In Abbildung 7-6 sieht man deutlich, dass die ersten vier Polierschritte (in schwarz, blau, pink und rot dargestellt) des gehärteten Stahls 1.2343 in etwa auf dem gleichen Geschwindigkeitsniveau liegen, während der letzte Polierschritt (Ausputzen mit Watte) mit höherer Vorschubgeschwindigkeit durchgeführt wird. Betrachtet man die Durchschnittsgeschwindigkeiten (Abbildung 7-8), so liegen diese für die ersten vier Polierschritte zwischen 16 – 25 mm/s. Schritt 5 hingegen wird mit 65 mm/s fast dreimal so schnell ausgeführt.

Beim zweiten untersuchten Stahl 1.2738 zeichnet sich ein sehr ähnlicher Geschwindigkeitsverlauf ab. Hier werden ebenfalls die ersten vier Polierschritte mit einer ähnlichen Vorschubgeschwindigkeit ausgeführt (Durchschnittsgeschwindigkeiten zwischen 17-25 mm/s, s. Abbildung 7-8). Der letzte Polierschritt wird mit einer deutlich höheren Vorschubgeschwindigkeit ausgeführt. Da diese Geschwindigkeit während des Polierversuches deutlichen Schwankungen unterliegt, ergibt sich für die mittlere Durchschnittsvorschubgeschwindigkeit in Abbildung 7-8 eine hohe Standardabweichung. Zusammenfassend kann festgehalten werden, dass diese Vorschubgeschwindigkeit – wie auch beim härteren Stahl 1.2343 beobachtet – höher ist, da bei diesem letzten Polierschritt die Hand des Polierers dem Werkzeughalter entspricht. In vorgenannten Abbildungen wurde der Geschwindigkeitsverlauf für beide Stahlsorten bis 150 s dargestellt. Der längere Polierschritt 5 (Watte) des Stahls 1.2738 und die längeren Schritte 1 und 3 des Stahls 1.2343 können im Bilderanhang C vollständig betrachtet werden.

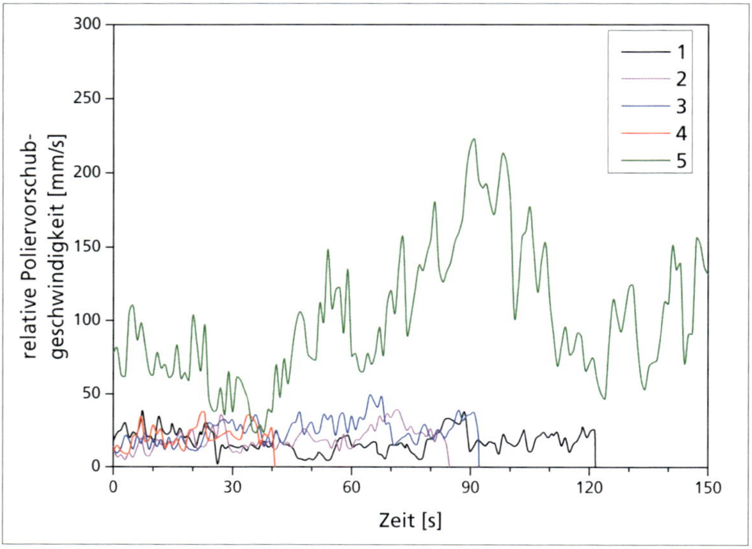

Abbildung 7-7: Relative Poliervorschubgeschwindigkeit Stahl 1.2738

Relative polishing velocity (steel 1.2738)

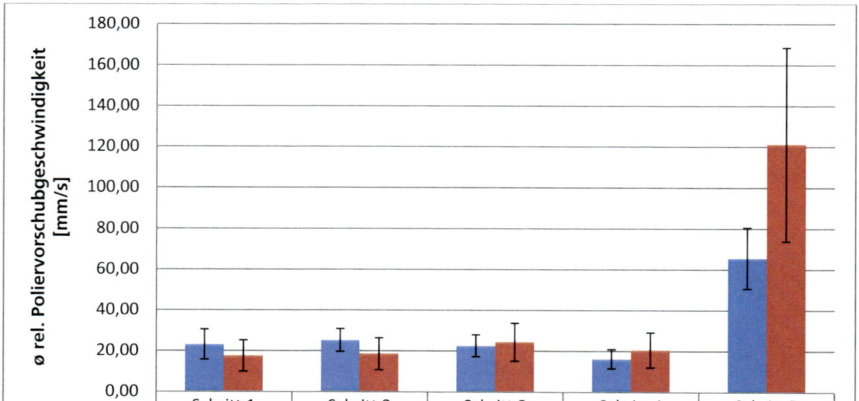

	Schritt 1	Schritt 2	Schritt 3	Schritt 4	Schritt 5
Stahl 1.2343	23,15	25,27	22,61	16,24	65,63
Stahl 1.2738	17,66	18,65	24,45	20,59	121,23

Abbildung 7-8: Durchschnittsgeschwindigkeit der einzelnen Polierschritte

Average speed of each polishing step

Der Vergleich der Durchschnittsgeschwindigkeiten der einzelnen Polierschritte in Abbildung 7-8 zeigt, dass die Durchschnittsgeschwindigkeiten der ersten vier Polierschritte unabhängig von der Stahlsorte in einem ähnlichen Bereich zwischen 20-25 mm/s liegen. Der finale Polierschritt wird bei beiden Stahlsorten viel schneller durchgeführt, wobei die Vorschubgeschwindigkeit beim Stahl 1.2738 im Durchschnitt doppelt so hoch ist wie die des Stahls 1.2343.
Durch Kombination der Daten aus Abbildung 7-1, Abbildung 7-6 und Abbildung 7-7 wurde für jeden der vier Bewegungsanteile eines Polierschrittes eine mittlere Poliervorschubgeschwindigkeit je Stahlsorte berechnet, um festzustellen, ob der Polierer die untersuchten Poliermuster (Zickzack, Spiral, Random und Seesaw) mit unterschiedlichen Vorschubgeschwindigkeiten ausführt. Wie aus Abbildung 7-9 und Abbildung 7-10 hervorgeht, können ähnlich wie bei der allgemeinen Betrachtung der Durchschnittsgeschwindigkeiten prinzipiell zwei Geschwindigkeitsbereiche unterschieden werden. So liegen die mittleren Poliervorschubgeschwindigkeiten der Polierschritte 1 – 4 für Bürste und Filz unabhängig von der Stahlsorte zwischen 20 – 30 mm/s, während der Poliermittelträger Watte mit einer mittleren Geschwindigkeit zwischen 65 (Stahl 1.2343) – 120 (Stahl 1.2738) mm/s bewegt wird. Ein Unterschied der Vorschubgeschwindigkeiten innerhalb der Pfadmuster ist somit nicht gegeben.

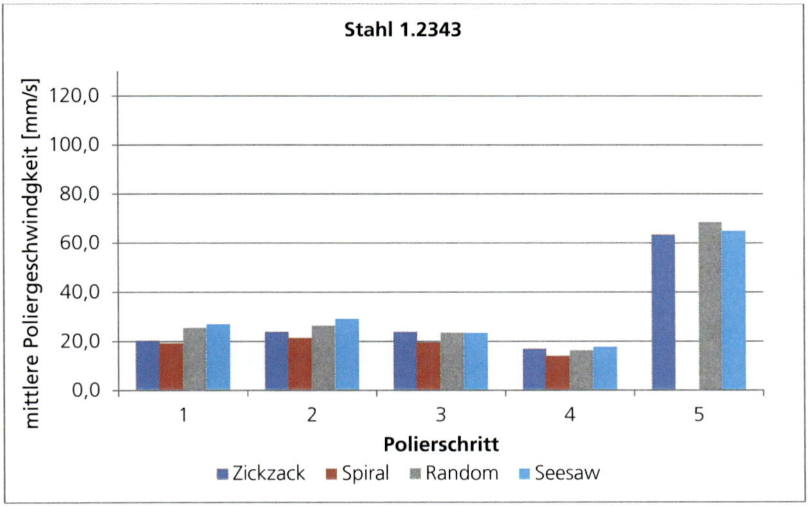

Abbildung 7-9: Durchschnittsgeschwindigkeit der Bewegungsmuster innerhalb der Polierschritte (Stahl 1.2343)
Average polishing velocity of each path pattern within a polishing step (steel 1.2343)

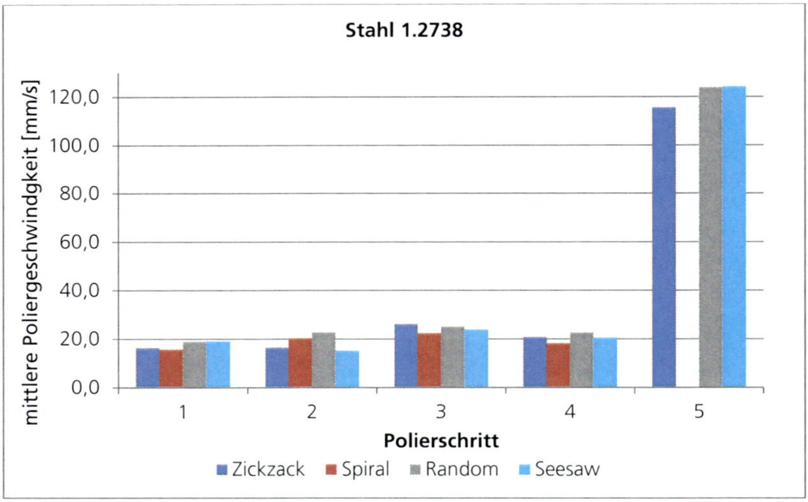

Abbildung 7-10: Durchschnittsgeschwindigkeit der Bewegungsmuster innerhalb der Polierschritte (Stahl 1.2738)

Average polishing velocity of each path pattern within a polishing step (steel 1.2737)

Zusammenfassend für die Analyse der Vorschubgeschwindigkeit kann gesagt werden, dass der Polierer unabhängig von der Stahlsorte oder den einzelnen Bewegungsmustern die ersten vier Polierschritte mit ähnlichen Geschwindigkeiten poliert, während der letzte Polierschritt bis zu drei (1.2343) bzw. sechs (1.2738) mal schneller ausgeführt wird. Dies ist auf die unterschiedliche Werkzeugführung zurückzuführen, da der Polierer im letzten Polierschritt als Werkzeughalter seine Hand benutzt, während bei den anderen Schritten ein Werkzeughalter für rotatorische Werkzeuge eingesetzt wird.

7.1.4 Analyse der Anpresskraft

Analysis of contact pressure

Für die Analyse der Anpresskraft zeigen die Diagramme in Abbildung 7-11 und Abbildung 7-12 den Verlauf der aufgewendeten Anpresskraft (Kraft bezogen auf die Fläche des Polierwerkzeugs mit einem Durchmesser von d = 10 mm) in Abhängigkeit von der Zeit.

Da für die Polierschritte 1 und 5 des Stahls 1.2343 im Zeitintervall 40-130 s eine deutliche Verringerung der Anpresskraft beobachtet wurde, sind in Tabelle 7-3 die durchschnittlichen Anpresskräfte für alle Polierschritte und Stahlsorten der ersten und letzten 30 Sekunden Bearbeitungszeit aufgeführt. Es ist deutlich zu beobachten, dass die Polierkraft des Stahls 1.2343 in den Schritten 1 – 4 zum Ende hin um ca. 40 – 50 % abnimmt. Im letzten Polierschritt hingegen ist die Kraft am Anfang und am Ende konstant

		Schritt 1	Schritt 2	Schritt 3	Schritt 4	Schritt 5
		Anpresskraft[N]				
Stahl 1.2343	Start (0-30 s)	20,81	5,16	8,84	25,31	22,28
	Ende (x-30 s)	10,43	2,85	4,21	14,31*	22,34
Stahl 1.2738	Start (0-30 s)	7,72	4,21	3,13	9,47	16,18
	Ende (x-30 s)	9,12	4,85	3,36	6,08*	10,13

***aufgrund der kurzen Polierdauer wurden hier die ersten und letzten 15 s betrachtet.**

Tabelle 7-3: Vergleich der Anfangs- und End-Anpresskräfte
Comparison of start and end contact pressure

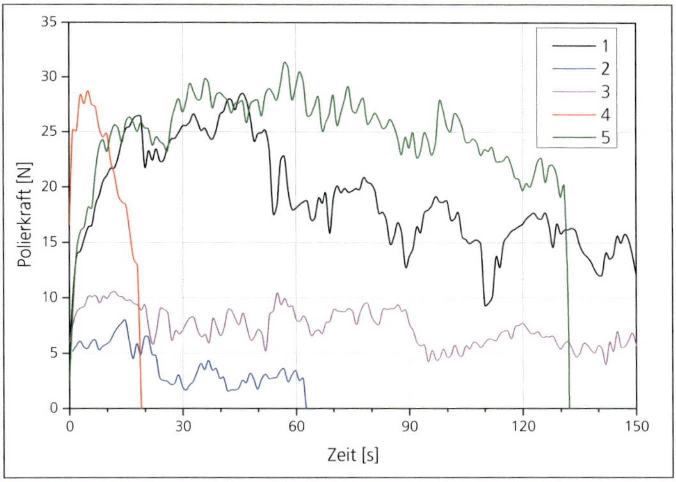

Abbildung 7-11: Verwendete Anpresskraft durchgeführter Polierschritte (1.2343)
Force distribution of steel 1.2343 for each polishing step

Betrachtet man hingegen den Anfangs- und Endverlauf der Anpresskraft des weicheren Stahls 1.2738 in Abbildung 7-12 wird hier im Gegensatz zum Stahl 1.2343 deutlich, dass in den Schritten 1 – 3 die Anpresskraft um ca- 10 – 15 % zu- und in den Schritten 4 und 5 um bis zu 40 % abnimmt.

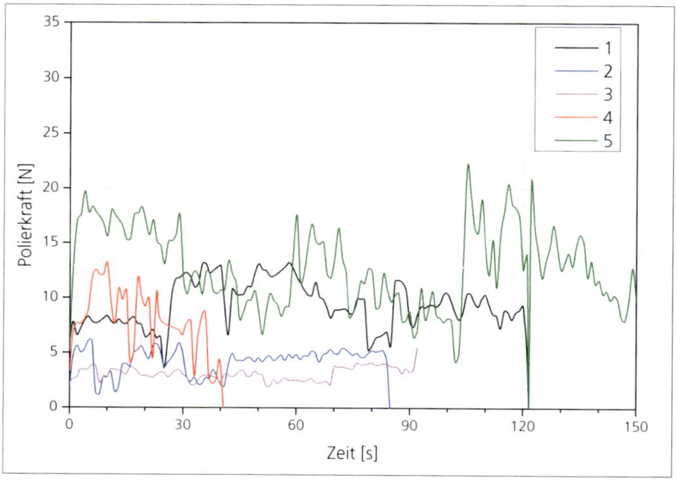

Abbildung 7-12: Verwendete Anpresskraft durchgeführter Polierschritte (1.2738)
Force distribution of steel 1-2738 for each polishing step

Der Vergleich der durchschnittlichen Anpresskräfte der beiden untersuchten Stahlsorten (Abbildung 7-13) macht deutlich, dass der verwendete weichere Stahl 1.2738 durch den Polierer tendenziell mit geringerer Kraft bearbeitet wurde als der gehärtete Stahl 1.2343.

Inwieweit diese Aussage allgemeingültig ist und für alle weichen und harten Stahlsorten gilt, kann auf Basis dieser Versuche nicht eindeutig geklärt werden. Hierfür müssen weitere Untersuchungen mit unterschiedlichen Stahlsorten und Polierern erfolgen. Allgemein kann jedoch festgehalten werden, dass durch eine geringere Anpresskraft vermieden wird, dass das Polierkorn auf der Stahloberfläche Schädigungen wie Riefen, Ausbrüche oder Kometen hinterlässt.

Die Berechnung einer durchschnittlichen Anpresskraft je Bewegungsmuster (Abbildung 7-14) zeigt ähnliche Ergebnisse wie die bereits diskutierten Ergebnisse der Untersuchung der Poliervorschubgeschwindigkeit. Während bei den Bewegungsmustern jedes Polierschrittes nur geringfügige Unterschiede in der Kraft zu beobachten sind (Zickzack, Spiral, Seesaw und Random werden in jedem Polierschritt mit der gleichen Kraft ausgeführt), unterscheiden sich die mittleren Polierkräfte der einzelnen Polierschritte deutlich voneinander. Hierbei wurde unabhängig der Stahlsorten festgestellt, dass die Anpresskraft in den Polierschritten zwei und drei ein Minimum durchläuft und der Polierer den Gesamtpolierprozess mit höheren Polierkräften beginnt und beendet (siehe Abbildung 7-13 und Abbildung 7-14).

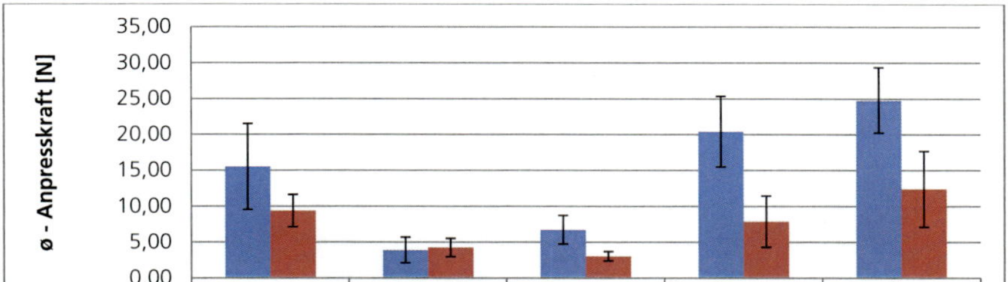

	Schritt 1	Schritt 2	Schritt 3	Schritt 4	Schritt 5
Stahl 1.2343	15,54	3,91	6,74	20,43	24,81
Stahl 1.2738	9,40	4,26	3,06	7,88	12,41

Abbildung 7-13: Durchschnittl. Anpresskraft beider untersuchter Stahlsorten
Average contact pressure of both examined steel grades

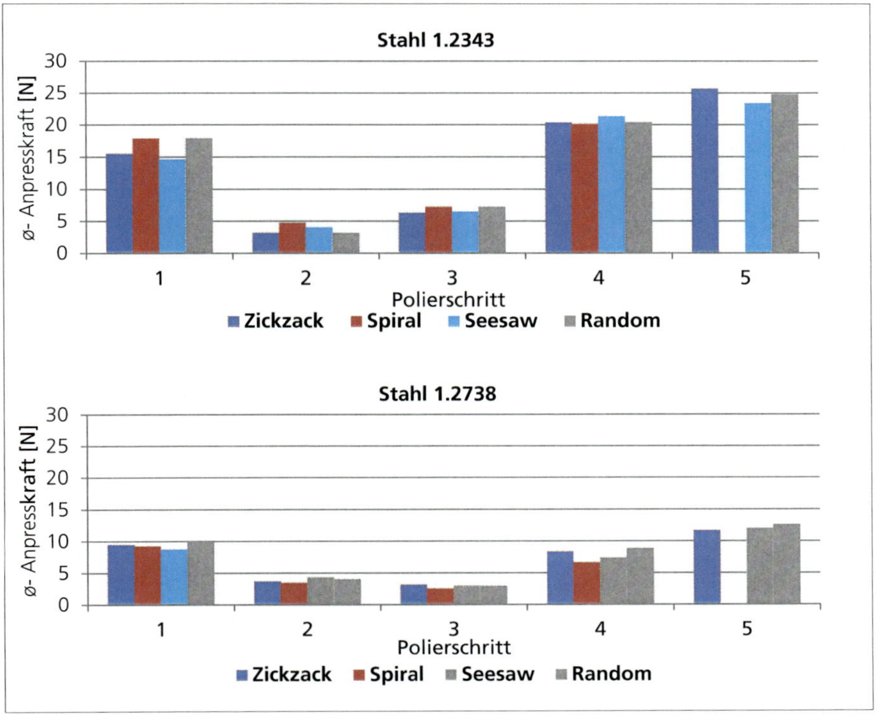

Abbildung 7-14: Mittlere Kraft auf einzelne Bewegungsanteile je Stahlsorte
Average force of each path pattern

7.2 Analyse der Polierpfadüberdeckung und des Krafteinflusses

Evaluation of polishing path overlap and of force influence

In diesem Kapitel soll untersucht werden, wie homogen der Polierer die Oberfläche der Probe bei den einzelnen Prozessschritten bearbeitet.

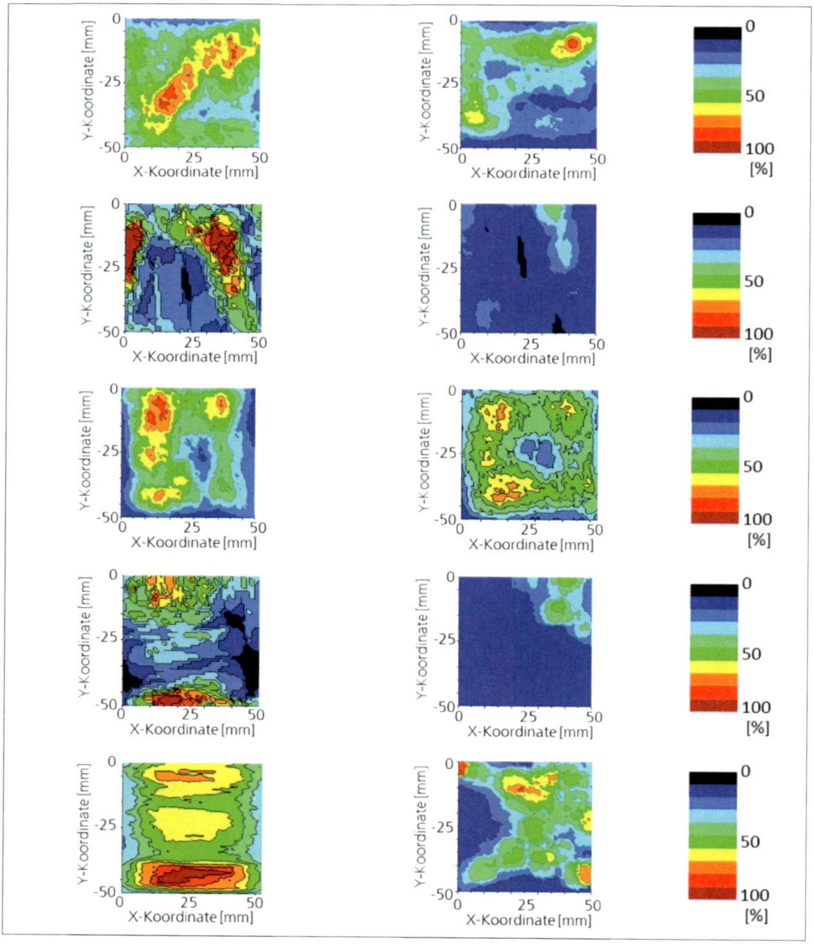

Abbildung 7-15: Pfadüberdeckung mit (links) und ohne (rechts) Krafteinfluss, Stahl 1.2343

Polishing path overlap matrix with (left) and without (right) force influence, steel 1.2343

Wie in Kapitel 6.4.2 beschrieben, wurde im PAA eine Funktion implementiert, die aus den aufgenommenen Pfadkoordinaten die Schnittpunkte und somit eine Überschneidungsmatrix berechnet. Aus dieser Pfadüberschneidungsmatrix wurde wie in Abbildung 7-15, auf der linken Seite dargestellt, für jeden Polierschritt ein Bild berechnet, aus dem die Homogenität oder auch Inhomogenität der Bearbeitung ersichtlich werden soll. Hierbei ist anzumerken, dass schwarze bzw. blaue Bereiche wenig bis gar nicht und rote Bereiche intensiv bearbeitet wurden. Es gilt zu beachten, dass die absolute Anzahl an Überschneidungen zwischen den einzelnen Polierschritten differiert und zur besseren Übersichtlichkeit auf 100% normiert wurde.

Die Ergebnisse werden hier am Beispiel des Stahls 1.2343 diskutiert, da diese im Vergleich zur Stahlsorte 1.2738 sehr ähnlich sind. Die Bilder des Stahls 1.2738 können dem Anhang C entnommen werden.

Wie aus Abbildung 7-15, linke Spalte, ersichtlich wird, erfolgt die Bearbeitung der Stahloberfläche innerhalb der einzelnen Polierschritte erwartungsgemäß inhomogen. Schritt 1 zeigt beispielsweise eine Vorzugsbearbeitung im Zentrum der Stahlprobe (rote Fläche), während bei Schritt 2 dieser Vorzug eher den Randgebieten gilt. In diesem Schritt sieht man, auch aufgrund der kurzen Polierdauer auf der Probenoberfläche größere, kaum bearbeitete Bereiche (blaue Flächen).

Mit Hilfe der im PAA implementierten Kombination der Pfadüberschneidungsmatrix mit der aufgewendeten Anpresskraft sollte untersucht werden, ob ein antiproportionaler Zusammenhang zwischen der verwendeten Anpresskraft und der Anzahl der Pfadüberschneidungen besteht.

Dabei wurde überprüft, ob bei Oberflächenbereichen, welche weniger oft überfahren wurden, eine höhere Anpresskraft beobachtet werden kann und sich durch die Kombination von Pfadüberschneidungsmatrix und Krafterteilung ein homogenes Bearbeitungsprofil der Oberfläche zeigen lässt.

Hierfür wurde, wie in Kapitel 6.4.2 beschrieben, auf Basis der Preston-Hypothese der PAA erweitert. Durch Kombination der physikalischen Größen Relativgeschwindigkeit und Polierdruck pro Fläche (siehe Gleichungen 2.1, 6.2 und 6.3) errechnet der PAA aus der Pfadüberschneidungsmatrix ein Kraftverteilungsprofil. Dieses gibt Aufschluss darüber, welche Probenbereiche der Polierer während des Handpolierens entweder durch höheren Druck oder mehrmalige Überfahrung stärker bearbeitet. Schlussendlich kann mit Hilfe des Kraftverteilungsprofils bewertet werden, wie gleichmäßig der Handpolierer eine zu polierende Oberfläche bearbeitet.

Diese Kraftüberschneidungsmatrix ist in Abbildung 7-15 in der rechten Spalte dargestellt. Aus den Bildern wird ersichtlich, dass sich die Homogenität der berechneten Pfadüberschneidungen durch die Berücksichtigung der Kraftkomponente deutlich erhöht.

Dies bedeutet, dass der Polierer unbewusst eine inhomogene Pfadverteilung durch höhere bzw. geringere Anpresskräfte ausgleicht. Um aussagefähige Ergebnisse zu generieren, war hier eine einheitliche Ausgangsoberfläche der Proben notwendig. Eventuell vorhandene Defekte wurden so auf der Oberfläche vorerst vernachlässigt, da anzunehmen ist, dass hier das Polierverhalten des Polierers nochmals differiert. In weiterführenden Untersuchungen könnten hierfür die zu bearbeitenden Probenoberflächen zusätzlich mittels Lasermikroskopie bzw. Weißlichtinterferometrie vor der Bearbeitung und nach jedem Polierschritt vollständig gerastert werden. So wäre es möglich eine ortsaufgelöste Korrelation zwischen dem Abtragsprofil und eventuell auftretenden Polierdefekten zu erkennen.

Zusammenfassend für dieses Kapitel können folgende Punkte festgehalten werden:

1) Auf Grundlage der berechneten Box-Dimensionen konnte gezeigt werden, dass die aufgezeichneten Polierpfade eine gebrochen rationale Dimension besitzen und mit Hilfe mathematischer Algorithmen auf Basis der Fraktal-Theorie beschrieben und systematisiert werden können.
2) Die geometrische Untersuchung der aufgezeichneten Polierpfade ergab die Identifizierung von vier Grundbewegungsmustern (Spiral, Zickzack, Seesaw und Random).
3) Die Verwendung dieser Muster beim manuellen Polieren erfolgt rein intuitiv und unterliegt keinerlei Gleichmäßigkeit.
4) In Wiederholungsversuchen konnte gezeigt werden, dass die prozentualen Anteile der Bewegungsmuster für verschiedene Polierschritte überraschend gleichmäßig sind.
5) Die durchschnittliche Vorschubgeschwindigkeit innerhalb eines Polierschrittes ist unabhängig vom verwendeten Bewegungsmuster.
6) Allerdings konnte gezeigt werden, dass der letzte, nicht mit Hilfe eines Werkzeughalters geführte Polierschritt (Watte, Ausputzen) mit einer bis zu 3-mal (Stahl 1.2343) bzw. bis zu 6-mal (Stahl 1.2738) höheren Vorschubgeschwindigkeit durchgeführt wird als Polierschritte mit rotierenden Werkzeugen.
7) Die Analyse der Anpresskraft ergab, dass der Polierer bei der Bearbeitung des gehärteten Stahls 1.2343 anfänglich mit höheren Anpresskräften arbeitet und diese zum Ende des jeweiligen Polierschrittes um die Hälfte reduziert. Ein gegenteiliger Befund wurde beim Polieren des weicheren Stahls 1.2738 erhalten, da innerhalb der ersten drei Polierschritte mit zunehmenden Anpresskräften (+ 15 %) gearbeitet wurde.
8) In Hinblick auf die Homogenität der Polierbearbeitung, konnte gezeigt werden, dass beim manuellen Polieren auf Basis der berechneten Pfadüberdeckungsmatrizen eine stark inhomogene Bearbeitung der Probenoberfläche erfolgt. Zieht man allerdings die Kraftkomponenten in die Berechnung der Matrizen mit ein, ergeben sich deutlich homogenere theoretische Abtragsprofile.

7.3 Transfer der Ergebnisse auf ein Robotersystem

Transfer of results to robot polishing system

Im folgenden Kapitel werden die Ergebnisse aus der detaillierten Polierpfadanalyse (aus den Kapiteln 7.1 und 7.2) auf ein roboterbasiertes System übertragen. Hierbei wird ein Roboter des Typs ABB – IRB 4400/45 verwendet, welcher bereits bei den Vorversuchen zur Systemintegration und dem Test der Funktionsfähigkeit der PKE eingesetzt wurde (siehe Kapitel 5.7). Dabei wird die Versuchsdurchführung in drei Phasen geteilt.

Phase	Untersuchungsgegenstand	Erläuterungen
1	Einfache Spiral- und Parallelbahn	Programmierung eines Polierpfades, welcher ausschließlich Spiral- bzw. Parellbahnanteile besitzt.
2	Polierstrategie Meierkort	Übertragung der in Kapitel 6.2 verwendeten Polierstrategie auf den Roboter.
3	Prozentuale Pfadmusteranteile	Programmierung eines Polierpfades, welcher die Pfadmusteranteile Spiral, Parallel, Seesaw und Random in vorgegebenen prozentualen Anteilen aufweist.

Tabelle 7-4: Versuchsdurchführung Roboter-Transfer

Implementation of experiments for transfer of robotic system

Wie aus Abbildung 7-16 hervorgeht, wurden für die in diesem Kapitel durchgeführten Polierversuche verschiedene Polierpfade generiert und mit Hilfe des Roboters poliert. Anschließend wurden die erhaltenen Oberflächen gemessen und mit den Rauheitsergebnissen der manuellen Polierbearbeitung aus Kapitel 6.1 verglichen. Um eine Vergleichbarkeit der Ergebnisse sicherzustellen, wurden für die Roboterversuche Werkstücke mit identischen Ausgangsrauheiten zu den manuellen Versuchen verwendet. Abbildung 7-16 zeigt die gemessenen Ausgangsrauheiten der Stahloberflächen der manuellen und roboterbasierten Polierversuche.

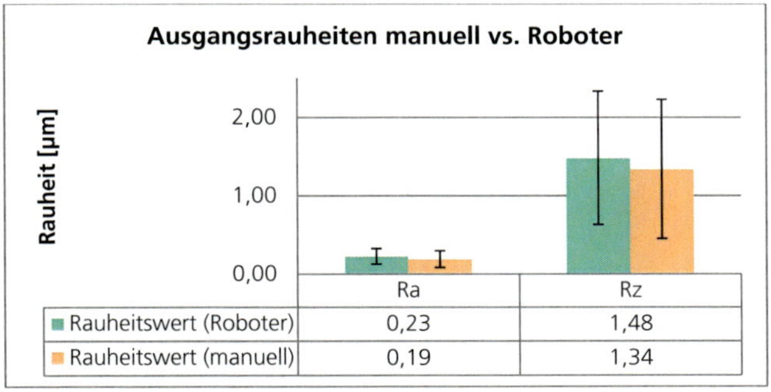

Abbildung 7-16: Vergleich des Ausgangszustands (gemittelt) manuell vs. Roboter

Comparison of starting roughness values of manual and robotic tests

7.3.1 Einfache Spiral- und Parallelbahn

Simple spiral and parallel path

Für die in diesem Kapitel diskutierten Roboterversuche wurde ein einfacher auf Parallel- bzw. Spiralbahnen basierter Polierpfad verwendet. Die hierfür programmierten Polierbahnen sind in Abbildung 7-17 exemplarisch dargestellt und wurden analog zu den manuellen Versuchen mit den Werkzeugen Messing-Ring, Kunststoff-Ring und Filz durchgeführt.

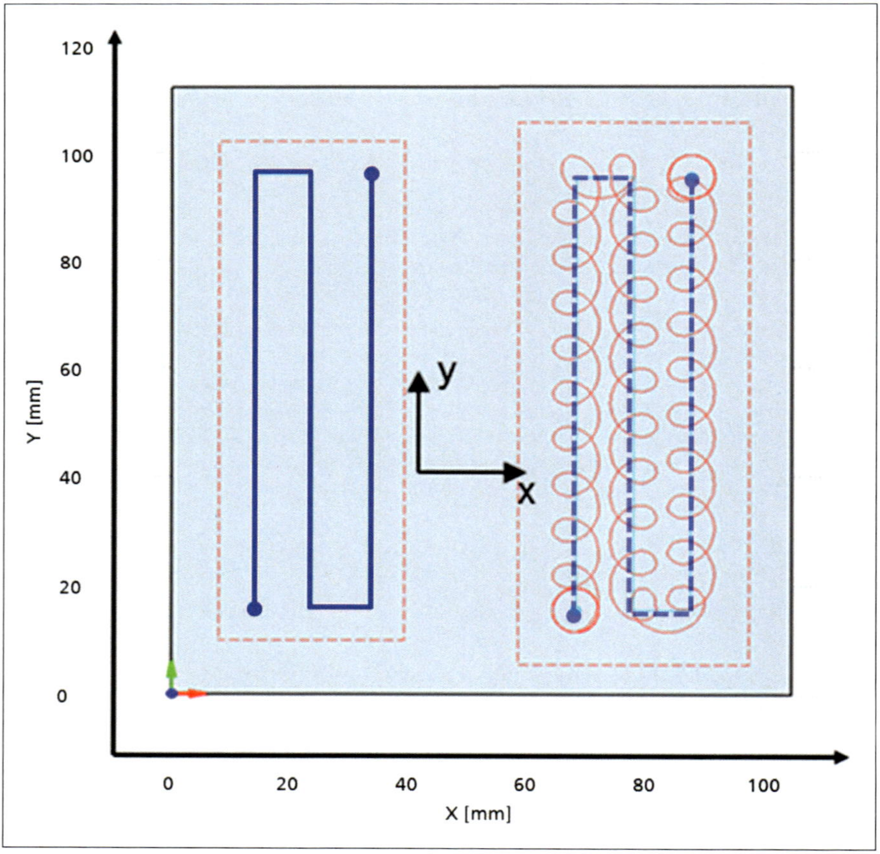

Abbildung 7-17: Programmierte Parallel- (links) und Spiralbahnen (rechts)

Programmed parallel (left) and spiral paths (right)

Schritt	Allg. Parameter: Drehzahl n = 6000 min^{-1} (konstant) Kraftvariation F = 5, 10, 20 N Polierbahn: - S-Raster (auch Parallelbahn) - Zykloid (auch Spiralbahn) Bearbeitungsdauer je Schritt: 60 s	
1	Rotierender Messing-Ring ; $Ø_A$: 12 mm; $Ø_I$: 10 mm Diamantpaste: monokristallin, wasserlöslich Korngröße: 14 µm	
2	Rotierender Kunststoff-Ring ; $Ø_A$: 12 mm; $Ø_I$: 10 mm Diamantpaste: monokristallin, wasserlöslich Korngröße: 9 µm	
3	Rotierendes Filz; $Ø_A$: 18 mm; $Ø_I$: 7 mm Diamantpaste: monokristallin, wasserlöslich Korngröße: 3 µm	
	$Ø_A$: Außendurchmesser; $Ø_I$: Innendurchmesser	

Tabelle 7-5: Parameterübersicht: Transfer manueller Tests auf das Robotersystem

Parameter overview: Transfer of manual tests to robot system

Die roboterbasierten Polierversuche wurden – wie aus Tabelle 7-5 zu entnehmen ist – mit einer konstanten Drehzahl von d = 6.000 min^{-1} durchgeführt. Wie auch bei den Handpolierversuchen in Kapitel 6.1 wurden für die Versuche drei verschiedene Anpresskräfte (5 N, 10 N und 20 N) eingesetzt und eine Bearbeitungsdauer von je 60 Sekunden gewählt.

Die Ergebnisse der Roboter-Polierversuche sind zusammenfassend in Abbildung 7-18 dargestellt. Aus den Grafiken in Abbildung 7-18 kann abgelesen werden, dass die Rauheitswerte entsprechend dem Bearbeitungsschritt bzw. verwendeten Werkzeug von Messingring über Kunststoffring zu Filz deutlich geringer werden. Dieses Ergebnis bestätigen auch lichtmikroskopische Aufnahmen der polierten Oberflächen in Abbildung 7-19. Analog zu den manuellen Versuchen in Kapitel 6.1 zeigen die Ergebnisse in Abbildung 7-18, dass die polierten Oberflächen, bei denen dem Roboter ein spiralbahnbasierter Polierpfad vorgegeben wurde, signifikant höhere Oberflächenqualitäten aufweisen als Probenoberflächen, welche mit Parallelbahn basiertem Polierpfad bearbeitet wurden. Ferner sei angemerkt, dass der visuelle Eindruck der polierten Stahloberflächen – wie in Kapitel 6.1 diskutiert – für jedes Polierwerkzeug eine optimale Anpresskraft vorgibt. Dieser Befund lässt sich durch die in Abbildung 7-18 dargestellten Ergebnisse jedoch nicht in dieser Deutlichkeit nachweisen.

Abbildung 7-20 zeigt am Beispiel der Spiralbahn den Vergleich der Rauheitswerte zwischen manuell und roboterpolierten Proben. Die hier dargestellten Ergebnisse entsprechen dem letzten Polierschritt mit einem Filzwerkzeug und einer Diamantpaste von 3 µm. Die eingesetzten Anpresskräfte von 5, 10 und 20 N führen bei allen Polierversuchen zu dem Ergebnis, dass die Oberflächen des manuellen Polierers signifikant bessere Oberflächengüten ergaben als die roboterbasierten Polierversuche. Weitere Vergleiche können Anhang C entnommen werden.

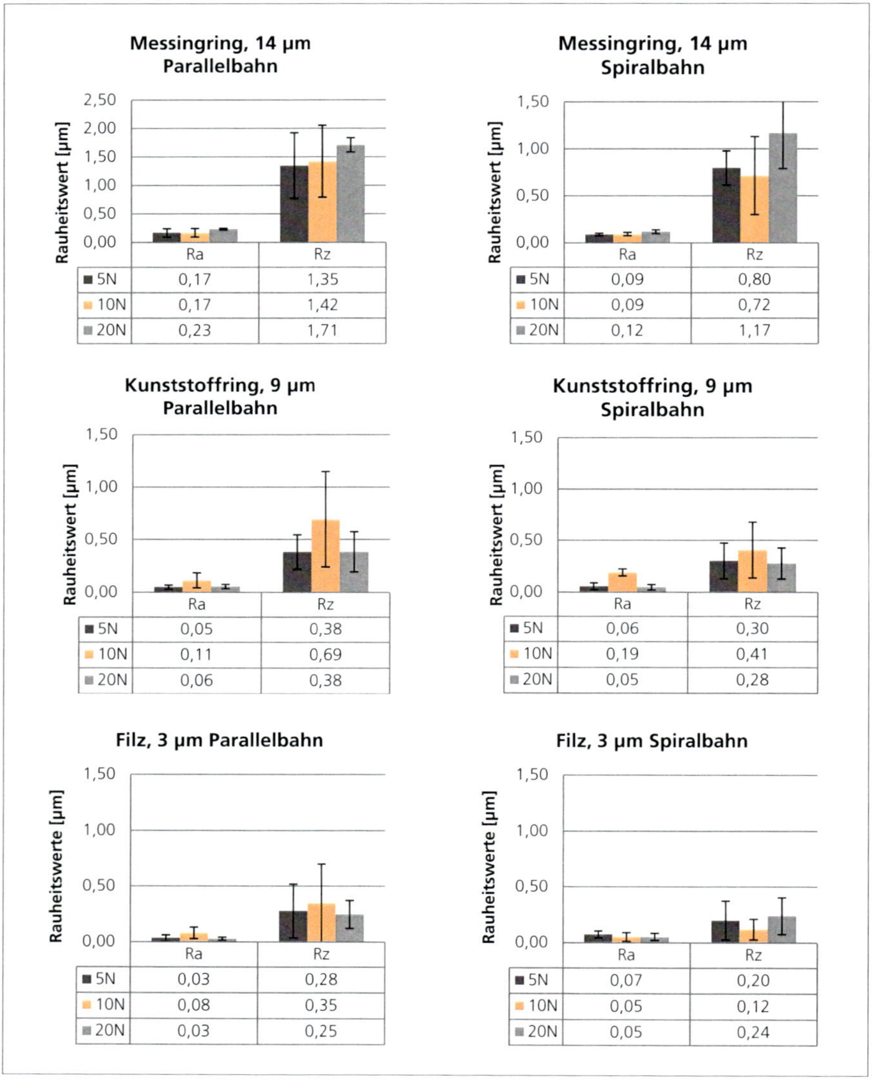

Abbildung 7-18: Rauheiten Roboterversuche, Stahl 1.2343 (Parallel- / Spiralbahn)

Roughness results of robot experiments with steel 1.2343 (spiral and parallel path)

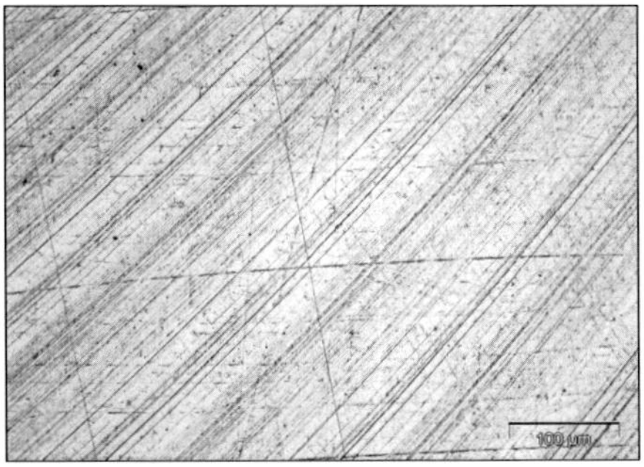

Stahl 1.2334 bearbeitet mit Messingring 14 µm, 10 N

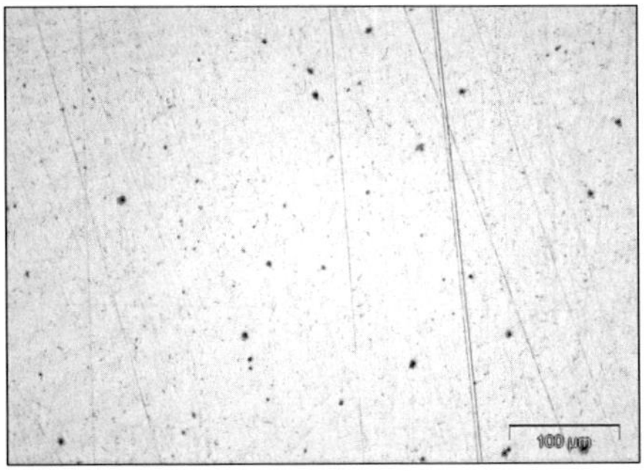

Stahl 1.2343 bearbeitet mit Kunststoffring 9 µm, 20 N

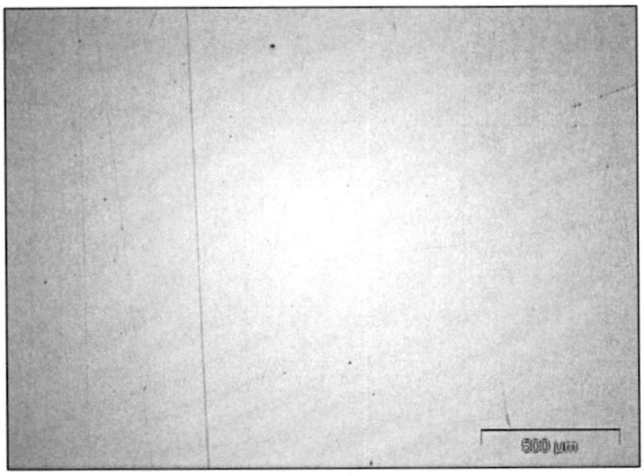

Stahl 1.2343 bearbeitet mit Filzwerkzeug 3 µm, 10 N

Abbildung 7-19: Lichtmikroskopische Aufnahmen der Oberflächen (Spiralbahn)

Light microscope pictures of polished surfaces (spiral path)

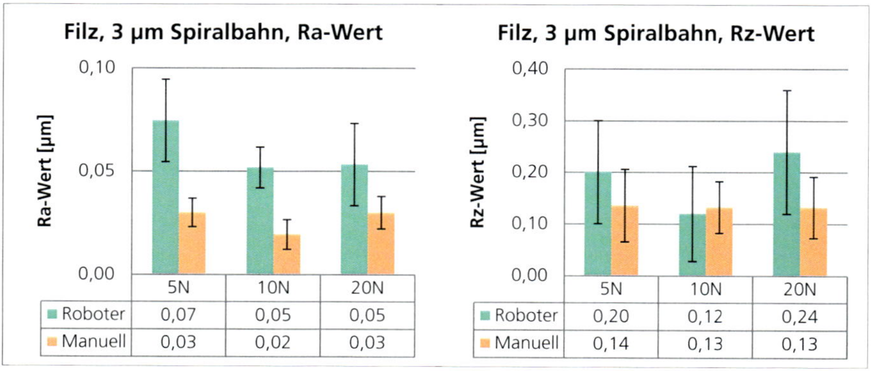

Abbildung 7-20: Vergleich Rauheitswerte manuell vs. Roboter (Spiralbahn)
Comparison of roughness values manual vs. roboter (spiral path)

7.3.2 Polierstrategie Meierkort
Polishing strategy Meierkort

In diesem Kapitel sollen die Ergebnisse eines Polierversuchs diskutiert werden, bei dem eine Übertragung der manuellen Polierstrategie eines Polierexperten (Tabelle 6-8) auf einen Roboter erfolgte. Dabei wurde aus den mit der PKE aufgezeichneten Koordinaten ein Roboterpolierpfad generiert und auf den Roboter übertragen (Abbildung 7-21).

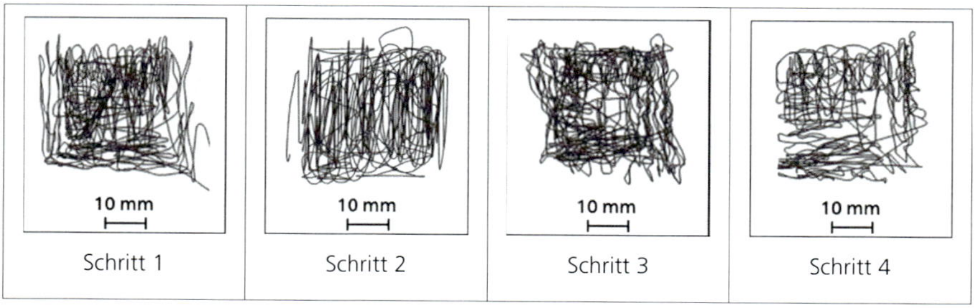

Abbildung 7-21: Adaptierte Polierpfade
Adapted polishing paths

Als Anpresskräfte wurden für die einzelnen Polierschritte die aus Tabelle 7-6 aufgeführten Anfangs- und Endwerte verwendet. Die entsprechenden Zwischenwerte wurden linear interpoliert. Anzumerken ist, dass die Versuche ausschließlich mit dem Stahl 1.2343 durchegführt wurden und der letzte Polierschritt des Ausputzens mit Watte in diesem Versuchsprogramm ausgelassen wurde, da eine realitätsnahe Adaption dieses Prozessschrittes mit dem Roboter nicht möglich ist. Zur Sicherstellung eines aussagekräftigen Ergebnisses wurden die Versuche dreimal hintereinander durchgeführt.

		Schritt 1	Schritt 2	Schritt 3	Schritt 4
		Anpresskraft [N/mm²]			
Stahl 1.2343	Start	21	5	9	25
	Ende	11	3	4	14

Tabelle 7-6: Anpresskräfte der Roboterversuche
Force of robotic experiments

Die folgenden Grafiken Abbildung 7-22 zeigen die Mittelwerte der gemessenen Rauheitswerte.

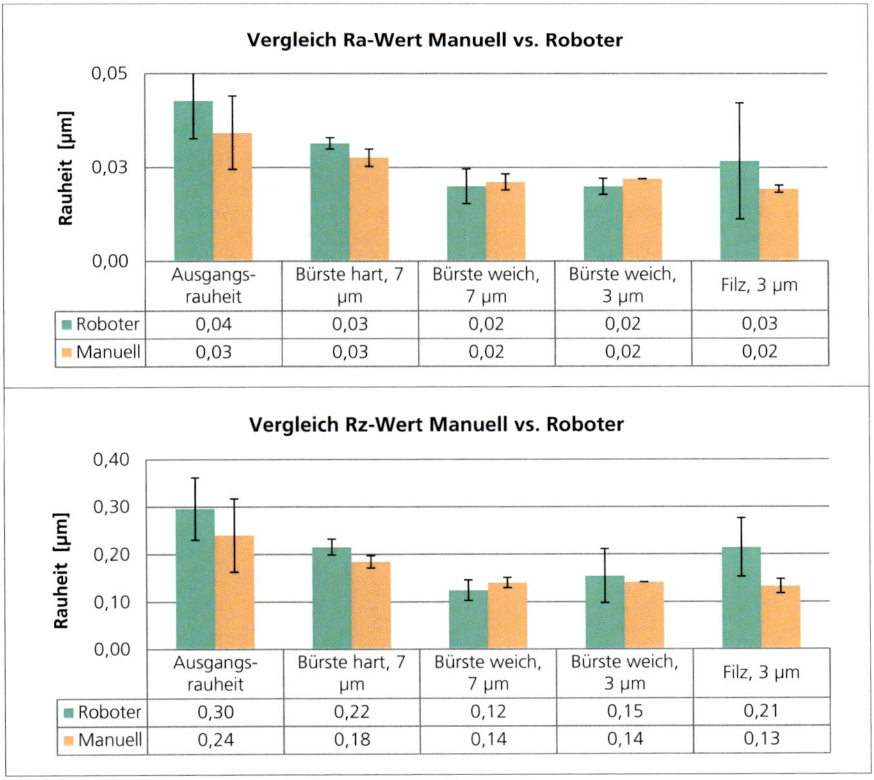

Abbildung 7-22: Vergl. Rauheitswerte manuell vs. Roboter mit Pfadanteilen
Comp. roghness results manual vs. robot with path percentage

Die in Abbildung 7-22 dargestellten Ergebnisse legen den Schluss nahe, dass durch die Übertragung der Polierstrategie des Polierexperten auf den Roboter Oberflächenqualitäten erreicht werden, die Oberflächengüten manuell polierter Proben nahezu entsprechen. Dies trifft insbesondere auf die Polierschritte 1 bis 3 zu. Allein bei Polierschritt 4 sind die gemessenen Rz- bzw. Ra-Werte Roboter polierter Proben signifikant höher als manuell bearbeitete Oberflächen. Aufgrund der beobachteten deutlich größeren Standardabweichungen kann davon ausgegangen werden, dass die für diesen Prozessschritt an den Roboter übergebenen Prozessparameter (Polierpfadkoordinaten, Zeit und Anpresskraft) noch Optimierungspotential besitzen, um ein homogenes und reproduzierbares Polierergebnis zu erzielen.

7.3.3 Prozentuale Pfadmusteranteile

Percentage of path patterns

Ein weiterer Ansatz für den Transfer auf das Robotersystem soll in dieser Versuchsreihe umgesetzt werden. Die in diesem Kapitel diskutierten Polierversuche wurden mit dem Roboter durchgeführt, wobei zufällig generierte Polierpfade verwendet wurden, welche die gleichen prozentualen Bewegungsmusteranteile Zickzack, Spiral, Seesaw und Random aufweisen, wie die in Kapitel 7.1 analysierten manuellen Versuche. Bei der Erzeugung der Polierpfade wurde allerdings darauf geachtet, dass eine möglichst vollständige Überdeckung der zu bearbeitenden Oberfläche erreicht wird. Die Durchführung der Versuche erfolgte auf dem Stahl 1.2343 und wurde für alle vier Schritte dreimal durchgeführt. Auf einen Vergleich mit dem finalen Polierschritt Watte wurde, wie bereits erläutert, aufgrund der zu geringen Reroduzierbarkeit der Ergebnisse verzichtet, so dass der Vergleich der Polierwerkzeuge Bürste hart 7 µm, Bürste weich 7 µm, Bürste weich 3 µm und Filz 3 µm im Vordergrund stand.

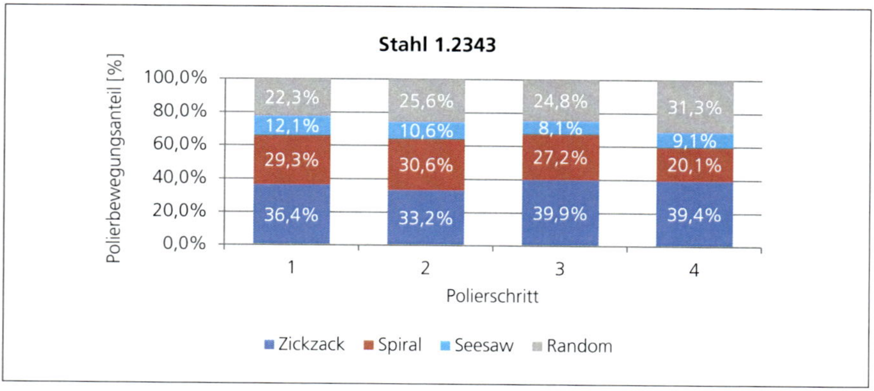

Abbildung 7-23: Pfadanteile der fünf Polierschritte beim Stahl 1.2343

Path percentage of all five polishing steps of steel 1.2343

In Abbildung 7-23 sind die prozentualen Pfadanteile der vier durchgeführten Polierschritte zusammenfassend dargestellt. Aus dem Bild wird deutlich, dass für den ersten Polierschritt, (Bürste hart, 7 µm Diamantpaste) ein Pfad erzeugt wurde, der zu 36,4% aus Zickzack-, 29,3 % Spiral-, 12,1 % Seesaw- und 22,3 % aus Random-Pfadanteilen bestand. Auch in dieser Versuchsreihe wurde die Anpresskraft im Versuchsverlauf linear reduziert, wobei dieselben Kraftparameter verwendet wurden wie in Kapitel 7.3.2 (vgl. Tabelle 7-6). Die Ergebnisse der roboterbasierten Polierexperimente im Vergleich zu den manuell durchgeführten Polierversuchen sind in Abbildung 7-24 dargestellt.

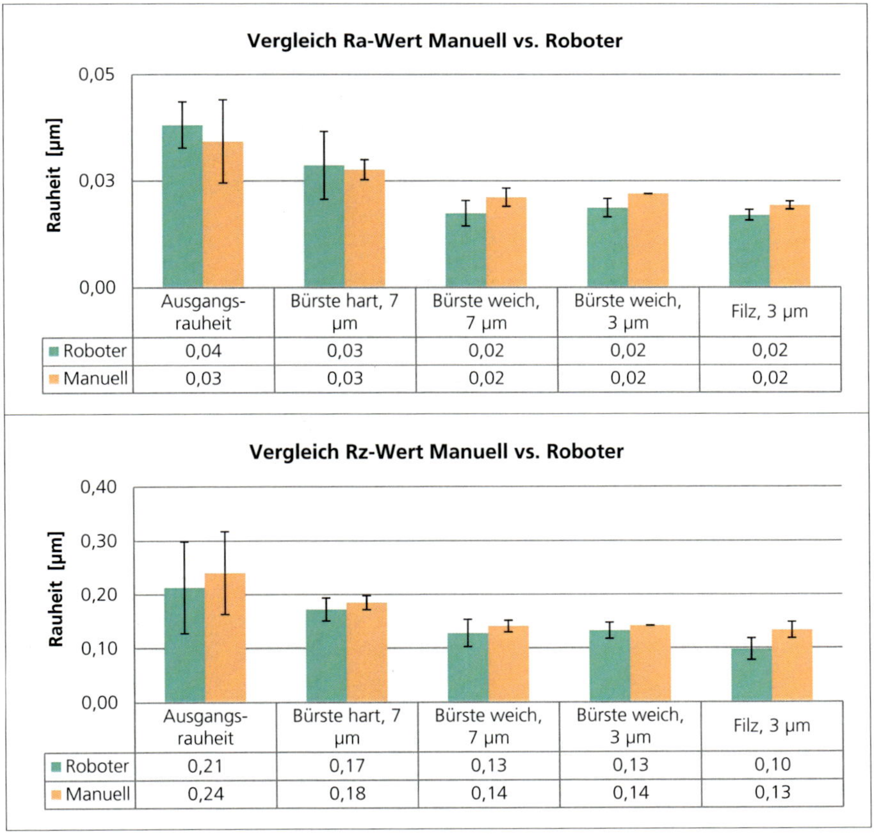

	Ausgangs-rauheit	Bürste hart, 7 µm	Bürste weich, 7 µm	Bürste weich, 3 µm	Filz, 3 µm
Roboter	0,04	0,03	0,02	0,02	0,02
Manuell	0,03	0,03	0,02	0,02	0,02

	Ausgangs-rauheit	Bürste hart, 7 µm	Bürste weich, 7 µm	Bürste weich, 3 µm	Filz, 3 µm
Roboter	0,21	0,17	0,13	0,13	0,10
Manuell	0,24	0,18	0,14	0,14	0,13

Abbildung 7-24: Vergleich der Rauheitswerte manuell vs. Roboter mit programmierten Pfadanteilen

Comparison of roughness result manual vs. robot with programmed path percentages

Es konnte festgestellt werden, dass die auf dem Roboter durchgeführten Polierversuche auf planen Stahloberflächen der Stahlsorte 1.2343 Oberflächenrauheiten ergaben, welche mit manuell polierten Proben vergleichbar sind. Tendenziell sind die Poliererergebnisse des Roboters sogar etwas besser als die manuell polierten Proben. In Hinblick auf die Homogenität der Poliererergebnisse muss allerdings einschränkend angemerkt werden, dass die Standardabweichung der Wiederholungsversuche darauf hinweist, dass die angewendete Polierstrategie für das roboterbasierte System noch weiter optimiert werden muss. Hierfür sind allerdings umfangreiche Parameterstudien notwendig, die im Rahmen dieser Arbeit nicht durchgeführt werden konnten.

Zusammenfassend kann festgehalten werden, dass eine komplette Adaption eines vorher aufgenommenen Polierpfades keine einheitlich reproduzierbaren Ergebnisse auf einem Robotersystem liefert. Extrahiert man allerdings die Pfadanteile des manuellen Polierpfades und überträgt diese auf einen vom Roboter berechneten Pfad plus einer Kraftanpassung und einer vollständigen Überdeckung der zu polierenden Oberfläche, können hohe Oberflächengüten erreicht werden. Die folgende Tabelle 7-7 zeigt eine Übersicht der Bearbeitungsdauer manuell vs. Roboter. Bei den angegebenen manuellen Bearbeitungszeiten wurde die Gesamtbearbeitungsdauer der Versuche einschließlich möglicher Bearbeitungsunterbrechungen angegeben.

Aufgabe / Schritt	Manuell [s]	Roboter [s]
Programmierung, einrichten Werkzeuge/Arbeitsplatz	300	Abh. vom Personal; bis zu. 60 min (3600 s)
Polierschritt 1	356	200
Polierschritt 2	90	70
Polierschritt 3	212	150
Polierschritt 4	60	30
Polierschritt 5	320	130
Gesamt	1338 (ca. 23 min)	580 (ca. 10 min) **+ bis zu 60 min**

Tabelle 7-7: Übersicht Bearbeitungsdauer manuell vs. Roboter

Overview of polishing duration manual vs. robot

Die in Tabelle 7-7 aufgeführten Bearbeitungszeiten des Roboters entsprechen den in dieser Versuchsreihe gemessenen Bearbeitungszeiten für die generierten Polierpfade. Hierbei werden sowohl Vor- als auch Nachteile der roboterbasierten Bearbeitung sichtbar. Der Roboter arbeitet per se schneller als der manuelle Polierer, da er einen vorgegebenen Pfad ohne Pausen abfährt, wodurch sich die Bearbeitungszeit signifikant verringern lässt. Dies führt zu einer Verringerung der Bearbeitungszeiten von bis zu 55 %.

Ein großer Zeitfaktor, der allerdings nicht vernachlässigt werden darf, ist die Dauer des Roboter-Setups inklusive Programmierung des Polierpfades und der Übergabe der Prozessparameter. Während die Einrichtung des Arbeitsplatzes einer Handpolierstation wenige Minuten in Anspruch nimmt, kann die Einrichtungszeit des Roboters in Abhängigkeit vom Personal zwischen 30 – 60 min in Anspruch nehmen. Eine industrielle Anwendung der in diesem Kapitel durchgeführten Polierversuche auf robotergestützten Systemen ist demnach für Industriebereiche mit hohen Stückzahlen von Interesse.

7.4 Ergebnisübersicht

Overview of results

Wie in Kapitel 6.2 beschrieben, erfolgten die im Rahmen dieser Arbeit durchgeführten Handpolierversuche über mehrere Prozessschritte mit unterschiedlichen Polierwerkzeugen. Die dabei aufgezeichneten Polierpfade dieser Einzelprozessschritte wurden bei der Bearbeitung zweier Werkzeugstähle unterschiedlicher Härte und Zusammensetzung aufgezeichnet und mit Hilfe des in Kapitel 6.4 entwickelten PAA analysiert. In diesem Zusammenhang konnte die Forschungshypothese bestätigt werden, dass die komplexen Handbewegungen des Polierers mit Hilfe mathematischer Algorithmen auf Basis der Fraktal-Theorie beschrieben und somit systematisiert werden können (s. Kapitel 7.1 und 7.2).

Bei der Analyse der manuellen Polierpfade und der Frage, ob aus dem Polierpfad wiederkehrende Bewegungsmuster abgeleitet werden können (Forschungsfrage 2) wurde festgestellt, dass die Polierbewegungen des Polierers in vier typische Bewegungsmuster eingeordnet werden können. Dabei handelt es sich um die Bewegungsmuster Zickzack, Spiral, Seesaw und Random. Diese treten bei den untersuchten Stahlsorten und verwendeten Werkzeugen in unterschiedlicher Reihenfolge und Dauer auf. Die Verwendung dieser Muster kann insofern als vollständig intuitiv betrachtet werden, da in der Abfolge und Verwendungsdauer der einzelnen Bewegungsmuster keinerlei nachweisebare Gleichmäßigkeit festzustellen ist. Aus den Ergebnissen der durchgeführten Wiederholungsversuche konnte allerdings abgeleitet werden, dass der Polierpfad eines Polierschrittes bei mehrmaliger Wiederholung gleiche prozentuale Anteile der genannten Bewegungsmuster aufweist.

Für die detaillierte Auswertung der prozentualen Anteile der identifizierten vier Bewegungsmuster wurde ein Algorithmus (PAA) entwickelt, der eine automatisierte Analyse der Bewegungsabläufe des Polierwerkzeugs ermöglicht. Die Funktionsweise des PAA wurde im Rahmen von Validierungsversuchen bestätigt (siehe Kapitel 6.4.3). Die durch den PAA generierten Ergebnisdateien enthalten die prozentualen Anteile der vier Grundbewegungsmuster, deren zeitliche Abfolge sowie eine Pfadüberschneidungsmatrix, die im Bedarfsfall mit den entsprechenden Kraftprofilen kombiniert werden kann und eine ortsaufgelöste Visualisierung des theoretischen Abtragprofils darstellt.

Es konnte gezeigt werden, dass der Polierer beim gehärteten Stahl 1.2343 zu Beginn eines Prozessschrittes mit einer tendenziell höheren Bearbeitungskraft arbeitet und diese im Laufe der Bearbeitung kontinuierlich um bis zu 50 % verringert.

Bei der Polierbearbeitung des ungehärteten Stahls 1.2738 wurde im Gegensatz dazu innerhalb der ersten drei Polierschritte ein Anstieg der Anpresskraft um bis zu 15% beobachtet. Die eingesetzte Bearbeitungskraft lag im Falle des härteren Stahls deutlich über der durchschnittlichen Bearbeitungskraft des weicheren Stahls.

Die Untersuchung der durchschnittlichen Vorschubgeschwindigkeit des verwendeten Polierwerkzeuges innerhalb eines Polierschrittes ergab, dass diese während des manuellen Polierprozesses durch den Polierer unabhängig vom verwendeten Bewegungsmuster auf einem konstanten Geschwindigkeitsniveau gehalten wird. Eine Ausnahme bildet hierbei der Bearbeitungsschritt 5 (Ausputzen mit Watte). Wie in Kapitel 7.1 erläutert, wurde für diesen finalen Bearbeitungsschritt eine bis zu 3-mal (Stahl 1.2343) bzw. bis zu 6-mal (Stahl 1.2738) höhere durchschnittliche Vorschubgeschwindigkeit beobachtet wie für die Bearbeitungsschritte 1 – 4. Diese deutlich höhere Vorschubgeschwindigkeit kann dadurch erklärt werden, dass dieser Polierschritt nicht mit Hilfe eines Werkzeughalters im eigentlichen Sinne durchgeführt wird, sondern in diesem Fall die Hand des Polierers den Werkzeughalter ersetzt.

Aus den im Rahmen dieser Arbeit aufgezeichneten Polierpfaden wurden mit Hilfe des neu entwickelten PAA entsprechende Pfadüberschneidungsmatrizen berechnet, aus denen erstmals Aussagen über die Homogenität der manuellen Polierbearbeitung abgeleitet werden können. Die Analyse dieser Pfadüberschneidungsmatrizen in Kapitel 7.2 ergab, dass bei den durchgeführten Versuchen eine stark inhomogene Bearbeitung der Probenoberfläche stattfand. Durch die Berücksichtigung der Kraftkomponenten in die Berechnung der Pfadüberschneidungsmatrizen konnten aus den aufgezeichneten Polierpfaden theoretische Abtragsprofile generiert werden, die eine deutlich höhere Homogenität aufwiesen.

An dieser Stelle ist anzumerken, dass Unterbrechungen während der Datenaufzeichnung, die zum Beispiel beim Absetzen des Polierwerkzeugs von der Stahloberfläche oder der Verwendung einer zu geringen Anpresskraft auftraten, bei der Auswertung der Polierpfade keine Berücksichtigung fanden. Ferner sollte der PAA als Prototyp einer automatischen Auswerte-Software angesehen werden, da die gesamtheitliche Messdatenauswertung des manuellen Polierversuchs bis zum fertigen Abtragsprofil sehr aufwendig ist und derzeit nur durch eine Kombination der Programme LabView, Java, Origin und Excel (s. Schema Abbildung 6-17) durchführbar ist.

Da im Rahmen dieser Arbeit der Aufbau der sensorintegrierten Polieranlage sowie die Entwicklung des PAA im Vordergrund stand, wurde die Pfadanalyse beim Hochglanzpolieren an zwei in der Industrie verbreiteten Werkzeugstählen exemplarisch durchgeführt (Kapitel 7). Die durchgeführten Untersuchungen zur Übertragung der Erkenntnisse dieser Arbeit auf ein roboterbasiertes Poliersystem zeigen, dass sich mit den verwendeten Polierpfaden bzw. gewählten Prozessparametern (Anpresskraft, Drehzahl, Zeit) hohe Oberflächengüten generieren lassen, welche handpolierten Oberflächen nahezu entsprechen. In Hinblick auf Reproduzierbarkeit der Polierergebnisse ist jedoch noch Optimierungspotenzial vohanden.

8 Zusammenfassung und Ausblick

Summary and Outlook

Das Ziel dieser Arbeit bestand in der Untersuchung und Analyse der Bewegungsabläufe manueller Polierprozesse. Hierfür wurde eine sensorintegrierte Handpolierstation aufgebaut, mit der die Prozessparameter Anpresskraft, Polierpfad und Poliervorschubgeschwindigkeit während des manuellen Polierprozesses aufgezeichnet werden können. Mit Hilfe dieses Versuchsaufbaus wurden zwei Werkzeugstähle (1.2343 X38CrMoV5-1 und 1.2738 40CrMnNiMo 8.6.4) über fünf verschiedene Polierschritte und –werkzeuge durch einen Handpolierer exemplarisch auf Hochglanz poliert.

Durch die in die sensorintegrierte Polieranlage implementierte Prozessüberwachung kann eine Berechnung des Polierpfades aus den aufgezeichneten Daten der Kraftmessung realisiert werden. Auf Basis dieser Versuchsdaten wurden die aufgezeichneten Polierpfade in Hinblick auf das Vorhandensein wiederkehrender Bewegungsmuster untersucht. Die Ausgangshypothese, dass die komplexen Handbewegungen des Polierers mit Hilfe mathematischer Algorithmen auf Basis der Fraktal-Theorie beschreibbar sind, konnte bestätigt werden. Es wurde gezeigt, dass der Polierpfad – wie die Bewegungen der Augen ([FAIR11]: $D = 1,5$) – insgesamt eine gebrochen rationale Dimension ($1,4 \leq D \leq 1,7$) besitzt. Im Rahmen der Analyse des Polierpfades wurden vier typische Bewegungsmuster identifiziert, welche der Polierer bei der Bearbeitung der Stahloberflächen grundsätzlich ausführt. Hierbei handelt es sich um die Bewegungstypen Zickzack, Spiral, Seesaw und Random.

Auf Grundlage dieser Erkenntnisse wurde ein Auswertungsalgorithmus (PAA) entwickelt, der die aufgezeichneten Polierbewegungen analysiert und eine automatische Zuordnung der Bewegungsmuster vornimmt. Als Ergebnis werden eine Visualisierung der zeitlichen Abfolge der vier Polierbewegungen sowie deren prozentuale Anteile am Gesamtpfad erhalten. Darüber hinaus berechnet der PAA aus den während der Handpolierversuche aufgezeichneten Daten so genannte Pfadüberschneidungsmatrizen, mit denen eine visuelle Beurteilung der Homogenität der Polierbearbeitung möglich ist. Durch Überlagerung dieser Matrizen mit den aufgezeichneten Polierkräften kann der PAA auf Basis der Preston-Hypothese theoretische Abtragsprofile berechnen.

Diese theoretischen Abtragsprofile können im Rahmen weiterführender Versuche für die systematische Untersuchung auftretender Polierdefekte verwendet werden. Hierfür sollten Werkzeugstähle verschiedener Zusammensetzung mit Hilfe unterschiedlicher Polierwerkzeuge auf Hochglanz poliert werden. Dabei sollte vor sowie nach jedem Prozessschritt eine detaillierte Oberflächenanalyse der gesamten Polierfläche mittels Weißlichtinterferometrie bzw. (3D-) Lasermikroskopie erfolgen, um Korrelationen zwischen den Pfadüberschneidungsmatrizen, den theoretischen sowie experimentell bestimmten Abtragsprofilen und den gegebenenfalls auftretenden Polierdefekten feststellen zu können.

Die im Rahmen dieser Arbeit durchgeführten robotergestützten Polierversuche legen den Schluss nahe, dass sich durch die Verwendung realitätsnaher Prozessparameter (Anpresskraft, Vorschubgeschwindigkeit und Polierdauer) sowie manuell aufgezeichneter Polierpfade Oberflächenqualitäten erreichen lassen, die mit Oberflächengüten manueller Polierbearbeitungen vergleichbar sind. In weiterführenden Untersuchungen sollte die Entwicklung optimierter Polierpfade für den Roboter im Vordergrund stehen und der Einfluss verschiedener Kombinationen der in dieser Arbeit identifizierten Grundbewegungsmuster des manuellen Polierprozesses auf das Poliererergebnis systematisch untersucht werden. Da sich die Dauer der Polierbearbeitung eines Werkstückes aus der Summe der Rüst- und Bearbeitungszeitzeit zusammensetzt (siehe Tabelle 7-7), ergeben sich insbesondere für industrielle Anwendungen mit hohen Stückzahlen für die roboterbasierte Feinbearbeitung zukünftig große Chancen.

Für diese weiterführenden Experimente sollten die im aktuellen Messaufbau eingebauten Triaxial-Kraftaufnehmer durch eine Kraftmessplatte (z.B. Fa. Kistler) mit höherer Sensitivität und geringerer Drift ersetzt werden, um Fehlmessungen bei geringen Arbeitsdrücken (< 5 N) zu vermeiden.

In einem weiteren systematischen Untersuchungsprogramm sollte die in dieser Arbeit gemessene intuitive Anpassung der Anpresskraft durch den Handpolierer näher untersucht werden. Hierbei sollte besonderes Augenmerk auf die kontinuierliche Reduzierung der Anpresskraft innerhalb eines Polierschrittes sowie auf die signifikant höhere Anpresskraft bei der Bearbeitung gehärteter Stähle gelegt werden. Im Falle der Reproduzierbarkeit dieser Ergebnisse sollte in zukünftigen Prozessmodellen automatisierter Polierbearbeitung diese intuitive Kraftanpassung als Einflussparameter berücksichtigt werden.

Ein weiteres Ziel zukünftiger Versuche könnte zusätzlich darin bestehen, den tatsächlichen Materialabtrag einzelner Polierbewegungen in Abhängigkeit von der Selbstüberschneidung zu ermitteln. Mit dieser Information könnte eine Nachfolgeversion des PAA in umgekehrter Reihenfolge aus einer vorgegebenen, unpolierten Oberfläche einen optimalen Polierpfad berechnen, welcher an einen Polierroboter übergeben werden könnte.

Mit Hilfe des im Rahmen dieser Arbeit aufgebauten Mess- und Auswertungssystems wurde die Grundlage geschaffen, die Prozessparameter Anpresskraft, Polierpfad und Poliervorschubgeschwindigkeit beim manuellen Polieren aufzuzeichnen und systematisch auszuwerten. Auf Basis des entwickelten Pfad-Analyse-Algorithmus (PAA) konnte das vorhandene Prozessverständnis des manuellen Polierens in Hinblick auf die Bewegungen des Handpolierers und die dabei intuitiv eingesetzten Polierkräfte erstmals systematisch untersucht werden.

9 Literaturverzeichnis

References

[AKSD02] Aks, D.; Zelinsky, G.; Sprott, J.:
Memory Across Eye-Movements: 1/f Dynamic in Visual Search. In: Nonlinear Dynamics Psychology and Life Science (Vol. 6, No. 1), S. 1–25, 2002

[ALEX08] Alex, D.; Klein, M.:
Einführung in die DIN-Normen. 14., neubearb. Aufl.,. Stuttgart: Teubner, 2008

[ANTO02] Antonana, J. (Hg.):
European Tool and Mold Making. Tagungsband, Werkzeugbau mit Zukunft". Aachen, 2002

[ATTA95] Attanasio, C.; Seigue, J.-C.:
Feinstbearbeitungsmaschine mit pneumatischer Kraftsteuerung des Werkzeuges; Europäische Patentschrift EP 0 517 640 B1. Online verfügbar unter: http://www.patent-de.com/19950824/DE69202003T2.html, zuletzt geprüft am 08.02.2016

[BEHR10] Behrens, B.:
Entwicklung von Prozessstrategien zur Generierung fehlerfreier Oberflächen bei der Polierbearbeitung von Werkzeugstählen. Abschlussbericht zum Forschungsvorhaben T3 des SFB TRR4 /2 2010

[BEHR11] Behrens, B.:
Polierstrategien: Entwicklung von Prozessstrategien zur Generierung fehlerfreier Oberflächen bei der Polierbearbeitung von Werkzeugstählen. Online verfügbar unter: http://www.polierstrategien.de/, zuletzt geprüft am 08.02.2016, zuletzt aktualisiert am 16.05.2011, 2011

[BIEL11] Bielefeld; Universität; AG Neuroinformatik:
Augenbewegungen und visuelle Aufmerksamkeit. In: Präsentation 2011

[BLIT16] Blitzeinschlag:
Verbrennungsmuster-Fraktal. Online verfügbar unter: http://www.20min.ch/wissen/news/story/30268091, zuletzt geprüft am 08.02.2016

[BOGU09] Bogue, R.:
Finishing robots: a review of technologies and applications, 2009

[BREC08] Brecher, C.; Wenzel, C.; Tücks, R.:
Development of a force controlled polishing tool Vol.1, S. 438–442, 2008

[BRIG90] Briggs, J.; Peat, F.:
Die Entdeckung des Chaos. Eine Reise durch die Chaos-Theorie. München [u.a.]: Hanser, 1990

[BRIN13] BRINKSMEIER, E.; KLOCKE, F.; BRECHER, C. ET AL.:
Deterministic Polishing of Smooth and Structured Molds. In: Ekkard Brinksmeier, Oltmann Riemer und Ralf M. Gläbe (Hg.): Lecture Notes in Production Engineering. Berlin, Heidelberg: Springer Berlin Heidelberg, S. 99–117, 2013

[CABA03] CABARAVDIC, M.; et al:
Methods for efficient Optimization of Robot supported Grinding and Polishing Processes 2003

[CHAV13] CHAVES-JACOB, J.; LINARES, J.-M.; SPRAUEL, J.-M.:
Improving tool wear and surface covering in polishing via toolpath optimization. In: Journal of Materials Processing Technology, 2013

[DAMB05] DAMBON, O.:
Das Polieren von Stahl für den Werkzeug- und Formenbau. Aachen: Shaker, 2005

[DENK03] DENKENA, B.; LÜTJENS., G.; BÖß, V.:
Feinbearbeitung von Werkzeugen und Formen. Automatisiertes Schleifen und Bandschleifen von Freiformflächen im Praxiseinsatz. In: Werkstattstechnik online 11/2003, S. 1–84, 2003

[DINI15] Deutsches Institut für Normung e.V.
ISO 6344-3:2015-12:
Schleifmittel auf Unterlagen - Korngrößenanalyse - Teil 3: Bestimmung der Korngrößenverteilung der Mikrokörnungen P240 bis P2500, zuletzt geprüft am 07.02.2016

[DIN03] Deutsches Institut für Normung e.V.
DIN EN ISO 8589-0:
Fertigungsverfahren: Spanen, Teil 0: Allgemeines, Einordnung, Unterteilung, Begriffe, 2003

[DIN05] Deutsches Institut für Normung e.V.
DIN EN 10027-1:
Bezeichnungssysteme für Stähle - Teil 1: Kurznamen, zuletzt geprüft am 01.10.2005, 2005

[DIES13] DIESTE, J.; FERNÁNDEZ, A.; Roba. D. et al.:
Automatic Grinding and Polishing Using Spherical Robot. The Manufacturing Engineering Society International Conference, MESIC 2013

[DITF13] DITFURTH, C.:
Deutsche Geschichte fur Dummies. Hoboken: Wiley, 2013

[DRIE15] DRIEMEYER WILBERT, A.; BEHRENS, B.; ZYMLA, C. ET AL.:
Robotic finishing process – An extrusion die case study. In: CIRP Journal of Manufacturing Science and Technology 11, S. 45–52, 2015

[DRIE10] DRIEMEYER WILBERT, A.; KLOCKE, F.; BRECHER, C. ET AL.:
Hochglänzende Freiformflächen auf Stahlwerkzeugen. Fertigungssystem ermöglicht automatisierte Endbearbeitung im Werkzeug- und Formenbau. In: wt-online - Ausgabe 6-2010, S. 480-486 2010

[EKEA02] EKE, A.; HERMAN, P.; KOCSIS, L. ET AL.:
Fractal characterization of complexity in temporal physiological signals. In: Institute of Physics Publishing (23), S. R1–R38, 2002

[FAIR11] FAIRBANKS, M.; RICHARD, P.:
Measuring the scaling properties of temporal and spatial patterns. From the human eye to the foraging albatross, 2011

[FEUE13] Feuersteinzeit:
Definition. Online verfügbar unter: https://2lounge.ch/tag/ov, zuletzt geprüft am 08.02.2016

[GEOR06] GEORGI, W.; METIN, E.:
Einführung in LabVIEW. Mit ... 92 Aufgaben. München: Fachbuchverl. Leipzig, 2006

[GUVE93] GUVENC, L.:
Force Controller Design and Evaluation for Robot-Assisted Die and Mould Polishing, 1993

[HEJI09] HE, J.; ZHANG, X.; DONG, L. ET AL.:
Fractal model of lightning channel for simulating lightning strikes to transmission lines. In: Sci. China Ser. E-Technol. Sci. 52 (11), S. 3135–3141, 2009

[HERI10] HERING, E.:
Sensoren. Funktionsweise und Einsatzgebiete. 1. Aufl. Wiesbaden: Vieweg, F, 2010

[HERI12] HERING, E.; SCHÖNFELDER, G. (Hg.):
Sensoren in Wissenschaft und Technik. Funktionsweise und Einsatzgebiete. Wiesbaden: Vieweg + Teubner (Praxis), 2012

[HUIS02] HUISSOON, J.; F. ISMAIL, F.; JAFARI, A.:
Automated Polishing of Die Steel Surfaces 2002

[ISER96] ISERMANN, R.:
Modellgestützte Überwachung und Fehlerdiagnose Technischer Systeme, 1996

[ITWI16] IT Wissen:
Definition Rauschen. Online verfügbar unter: http://www.itwissen.info/definition/lexikon/Rauschen-N-noise.html, zuletzt geprüft am 08.02.2016

[JENG05] JENG, Y.; HUANG, P.:
A material removal rate model considering interfacial micro-contact wear behavior for chemical mechanical polishing. In: Journal of Tribology 2005, S. 190–197, 2005

[JOIS16] JOISTEN & KETTENBAUM GMBH & CO. KG:
joke Oberflächentechnik / Surface Technology: Nachrichten:: Online verfügbar unter: http://www.joke.de/, zuletzt geprüft am 08.02.2016

[JOIS10] JOISTEN & KETTENBAUM GMBH & CO. KG:
Firmenschrift. Bergisch Gladbach, 2010

[KASA90] KASAI, T.; HORIO, K.; KARAKI-DOY, T. ET AL.:
Improvement of Conventional Polishing Conditions for Obtaining Super Smooth Surfaces of Glass and Metal Works. In: CIRP Annals - Manufacturing Technology 39/1 1990, S. 321–324, 1990

[KELL16] KELLER, J.; STANZL, U.:
Trompis Zeitreise - Der Besuch - Steinaxt. Online verfügbar unter: http://www.trompis-zeitreise.de/Steinaxt.html, zuletzt geprüft am 08.02.2016

[KENT09] KENTER, I.:
Laborskript - Prozessüberwachung Hochschule Bremen. Bremen, zuletzt geprüft am 08.02.2016

[KIST16] Kistler Instrumente AG:
Mehrkomponenten-Dynamometer. Datenblatt, Typ 9257B, zuletzt geprüft am 06.02.2016

[KIST09] Kistler Instrumente AG:
Messtechnik in der Praxis. Bewegungs- und Ganganalyse. Online verfügbar unter: http://pdf.directindustry.com/pdf/repository_di/5346/73488_3.pdf, zuletzt geprüft am 13.12.2012, zuletzt aktualisiert am 12.02.2009, 2009

[KIST10] Kistler Instrumente AG:
Katalog, Fertigung, Prozessmesstechnik und Automation. Online verfügbar unter: http://pdf.directindustry.com/pdf/repository_di/5346/32375_24.pdf, zuletzt geprüft am 13.12.2012, zuletzt aktualisiert am 02.07.2010, 2010

[KLOC06] KLOCKE, F.; BERGS, T.; DEMMER, A. ET AL.:
Oberflächenwechselwirkungen beim Polieren von Stahl. In: wt Werkstattstechnik online 96 (6), S. 391–395, 2006

[KLOC05] KLOCKE, F.; KÖNIG, W.:
Fertigungsverfahren. In: Fertigungsverfahren 2, 2005

[KOMA97] KOMANDURI, R.; LUCCA, D.; TANI, Y.:
Technological Advances in Fine Abrasive Processes. In: CIRP Annals - Manufacturing Technology 46 (2), S. 545–596, 1997

[KROE00] KRÖBER, K.:
Reise durch das malumitische Universum. Orig.-Ausg. Reinbek bei Hamburg: Rowohlt-Taschenbuch-Verl. (Das Märchen vom Apfelmännchen, 2), 2000

[KUHL05] KUHLENKOETTER, B.; ZHANG, X.:
A Robot System for High Quality Belt Grinding and Polishing Processes 2005

[LEEH11] LEE, H.; JEONG, H.:
A wafer-scale material removal rate profile model for copper chemical mechanical planarization. In: International Journal of Machine Tools and Manufacture 51 (5), S. 395–403, 2011

[LEE01] LEE, M.; GO, S.; LEE, M. ET AL.:
A robust trajectory tracking control of a polishing robot system based on CAM data. In: Robotics and Computer-Integrated Manufacturing 17 (1-2), S. 177–183, 2001

[LICH11] LICHTENBERG-FIGUR, B.:
Lichtenberg-Figur f Fraktal. Online verfügbar unter: http://www.lichtenberg-gesellschaft.de/leben/l_wirk_phys_figurf_01_400x589_extra.html, zuletzt geprüft am 08.02.2016, zuletzt aktualisiert am 09.10.2011, 2011

[LIUT10] LIU, T.; INOUE, Y.; SHIBATA, K.:
A Wearable Ground Reaction Force Sensor System and Its Application to the Measurement of Extrinsic Gait Variability. In: Sensors 10 (11), S. 10240–10255, 2010

[LUOQ98] LUO, Q.; RAMARAJAN, S.; BABU, V.:
Modification of the Prestion equation for the chemical-mechanical polishing of copper. In: Thin Solid Films, S. 160–167, 1998

[MAND87] MANDELBROT, B.:
Die Fraktale Geometrie der Natur. Basel, Boston: Birkhäuser, 1987

[MARQ05] MÁRQUEZ, J.; PÉREZ, J.; RÍOS, J. ET AL.:
Process modeling for robotic polishing. In: Journal of Materials Processing Technology 159 (1), S. 69–82, 2005

[MIZU91] Mizugaki Yoshio:
Fractal path application in a metal mold polishing robot system - Advanced Robotics, 1991. 'Robots in Unstructured Environments', 91 ICAR., Fifth International Conf 1991, 1991

[NAGA08] NAGATA, F.; HASE, T.; HAGA, Z. ET AL.:
CAD/CAM-based Position/Force Control for a Ball-End Abrasive Tool and Its Application to an Industrial Robot. In: JAMDSM 2 (4), S. 742–752, 2008

[NIEM84] NIEMEYER, L.; PIETRONERO, L.; WIESMANN, H.:
Fractal Dimension of Dielectric Breakdown. In: Phys. Rev. Lett. 52 (12), S. 1033–1036, 1984

[OTEC11] OTEC Präzisionsfinish GmbH:
Definition Polieren. Online verfügbar unter:
http://www.otec.de/bearbeitungsarten/polieren/, zuletzt geprüft am 08.02.2016

[OTTE10] OTTERBEIN, J.; SAWATZKI, C.:
Fraktalgeometrie: Selbstähnlichkeit und fraktale Dimension Teil 1, zuletzt geprüft am 06.03.2013, 2013

[PART11] PARTHIER, R.:
Messtechnik. Grundlagen Und Anwendungen Der Elektrischen Messtechnik Fur Alle Technischen Fachrichtungen Und Wirtschaftsingenieure: Vieweg + Teubner Verlag, 2011

[PASK00] PASKO, V.; UMRAN, I.; BELL, T.:
Fractal structure of sprites. In: Geophysical Research Letters (Vol. 27 No. 4), S. 497–503, 2000

[PCBP11] PCB Piezotronics Inc.:
General Signal Conditioning Guide. An Introduction to the Operation of ICP and Charge Output Sensors and Instrumentation Firmenschrift, zuletzt geprüft am 08.02.2016, zuletzt aktualisiert am 24.06.2011, 2011

[PEIT86] PEITGEN, H.-O.; RICHTER, P.:
The beauty of fractals. Images of complex dynamical systems. Berlin, New York: Springer-Verlag, 1986

[PETR03] PETROV, N.; PETROVA, G.:
Quantification of the probability of lightning strikes to structures using a fractal approach. In: IEEE Transactions on Dielectrics and Eletrical Insulation (Vol. 10 No. 4), S. 641–654, 2003

[PRAB01] Prabhakar R. Pagilla; BIAO, Y.:
Adaptive control of robotic surface finishing processes 2001

[PRES27] PRESTON, F.:
The Theory and Design of Plate Glass Polishing Machines. In: Journal of the Society of Glass Technology (11), S. 214–256, 1927

[QINK04] QIN, K.; MOUDGIL, B.; PARK, C.-W.:
A chemical mechanical polishing model incorporating both the chemical and mechanical effects. In: Thin Solid Films 446 (2), S. 277–286, 2004

[REBE09] REBEGGIANI, S.:
Polishability of Tool Steels. Characterisation of High Gloss Polished Tool Steels; Chalmers University of Technology, Göteborg. Department of Materials and Manufacturing Technology, 2009

[REBE07] REBEGGIANI, S.; SANDBERG, A.; Rosén Bengt-Göran:
Tool Steel Polishing and Topography Characterization, 2007

[RIOU07] RIOUSSET, J.; PASKO, V.; KREHBIEL, P. ET AL.:
Three-dimensional fractal modeling of intracloud lightning discharge in a New Mexico thunderstorm and comparison with lightning mapping observations. In: J. Geophys. Res. 112 (D15), 2007

[RODD06] RODDECK, W.:
Einführung in die Mechatronik. Mit 9 Tabellen. 3., überarb. und erg. Aufl. Wiesbaden: Teubner (Lehrbuch), 2006

[RUNN94] RUNNELS, S.:
Tribology Analysis of Chemical-Mechanical Polishing. In: J. Electrochem. Soc. 141 (6), S. 1698, 1994

[RYUH06] RYUH, B.-S.; PARK, S.; PENNOCK, G.:
An automatic tool changer and integrated software for a robotic die polishing station. In: Mechanism and Machine Theory 41 (4), S. 415–432, 2006

[SCHM01] SCHMEISSER, E.; MCDONOUGH, J.; HISLOP, P. ET AL.:
Fractal Analysis of Eye Movements during Reading Optometry and Vision Science (Vol. 78 No. 11), S. 805–814, 2001

[SCHM94] SCHMIDT, J.; SCHAUER, U.:
Finishing of Dies and Moulds. an Approach to Quality Oriented Automation 1994

[SCHN16] Schneider Electric:
InTouch HMI. Online verfügbar unter: http://wonderware.de, zuletzt geprüft am 08.02.2016

[SCHU11] SCHULTE, H.:
Abrasive Polierbearbeitung komplexer Funktionsflächen. Bremen: Shaker, 2011

[SENS12] Sensorlexikon:
Version 2.71, Sensorkompendium - Informationen zu Sensoren und Messtechnik. Online verfügbar unter: http://www.esensors.net/, zuletzt geprüft am 08.02.2016, zuletzt aktualisiert am 06.07.2012, 2012

[SIEM16] Siemens AG:
Prozessvisualisierung SIMATIC WinCC. maximale Anlagentransparenz und Produktivität. Online verfügbar unter: http://siemens.com/WinCC, zuletzt geprüft am 08.02.2016, 2016

[SPRI08] SPRINGER, F.:
Fraktale Geometrie. Workshop zur „fraktalen Geometrie“ Universität Münster, Münster. Online verfügbar unter: http://wwwmath.uni-muenster.de/u/joachim/Mathe-Tage-2008/fraktale.pdf, 2008

[STEI98] STEIL, M.:
Fraktale Geometrie am Beispiel von Iterationen mit komplexen Zahlen, 2012

[TAKE93] TAKEUCHI, Y.; DONGFANG, G.; Naoki Asakawa:
Automated polishing process with a human-like dexterous robot - Robotics and Automation, 1993. Proceedings., 1993 IEEE International Conference on 1993

[TAMH10] TAM, H.-Y.; CHENG, H.:
An investigation of the effects of the tool path on the removal of material in polishing. In: Journal of Materials Processing Technology 210 (5), S. 807–818, 2010

[TAMH99] TAM, H.-Y.; CHI-HANG, L.:
Robotic polishing of free-form surfaces using scanning paths. In: Journal of Materials Processing Technology, S. 191–200, 1999

[TAYL05] Taylor R. P. (Hg.):
Encyclopedia of Nonlinear Science. Levy Flights, 2005

[TEKS14] TekScan Inc.:
FlexiForce® Load/Force Sensors and ELF: Economical Load and Force Measurement Systems. Online verfügbar unter: http://www.tekscan.com/flexiforce.html, zuletzt geprüft am 08.02.2016, 2014

[TEND87] TENDUIS, H.; KLASEN, H.; NIJSTEN, W.:
Superficial lightning injuries. Their „fractal" shape and origin. In: Burns (13 (2)), S. 141–146, 1987

[THEI05] THEILMEIER, A.:
Erfassung von zeitvarianten Aktionskrästen zur Erhebung der mechanischen Wirbelsäulenbelastung bei ausgewählten beruflichen Tätigkeiten. Dissertation, 2005

[TILC10] TILCH, S.; MAUTZ, R.:
Current Investigations at the ETH Zurich in Optical Indoor Positioning. Online verfügbar unter:
http://www.geometh.ethz.ch/people/rmautz/tilch_mautz_wpnc10.pdf, 2010

[TUEC12] TÜCKS, R.:
Automatisierte Feinbearbeitung von komplexen Werkzeugen und Formen aus Stahl. Roland Tücks. 1. Aufl. Aachen: Apprimus-Verl., 2012

[ULRI84] ULRICH, H.:
Die Betriebswirtschaftslehre als anwendungsorientierte Sozialwissenschaft. Bern-Stuttgart: Management, Verlag Paul Haupt, 1984

[LEIP11] UNIVERSITÄT LEIPZIG, I.:
Fraktale - Eigenschaften der Koch-Kurve. Anhang, 2011

[VALD97] VALDIVIA, J.; Milikh G.; PAPADOPOULOS, K.:
Red Sprites: Lightning as a Fractal Antenna. In: Geophysical Research Letters (Vol. 24, No. 24), S. 3169–3172, 1997

[WALS08] WALSER, H.:
Sierpinski, Cantor & Co. 2008

[WELZ09] WELZ, S.:
Die Cantor-Funktion. Ausarbeitung zum Vortrag im Proseminar „Überraschungen und Gegenbeispiele in der Analysis", 2009

[WILB12] WILBERT, A.; BEHRENS, B.; DAMBON, O. ET AL.:
Robot Assisted Manufacturing System for High Gloss Finishing of Steel Molds, S. 673–685, 2012

[WU07] WU, X.; KITA, Y.; IKOKU, K.:
New polishing technology of free form surface by GC. In: Journal of Materials Processing Technology 187-188, S. 81–84, 2007

[ZHAO02] ZHAO, Y.; CHANG, L.:
A micro-contact and wear model for chemical–mechanical polishing of silicon wafers. In: Wear 252 (3-4), S. 220–226, 2002

Anhang

Appendix

A Klassifizierung von Polierdefekten

Classification of polishing defects

Flächenhafte Defekte

Grübchen/Pitting

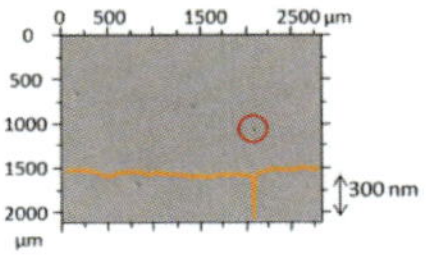

Pittings werden im deutschen auch »Grübchen« genannt. Vom Erscheinungsbild her, sind es viele kleine Löcher, die über die gesamte polierte Oberfläche verteilt sind. Diese Löcher entstehen durch zu lange Polierdauer und ungleichmäßige Druckverteilung (zu hoch).

Empfehlung:

- Druck konstant halten
- Kurze Polierschritte, zwischendurch reinigen und gut trockenen, um Korrosion zu vermeiden

Kometenschweife

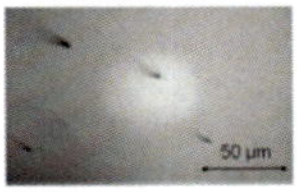

Einschlüsse führen im Rahmen der Präparation zu Polierfehlern, die das Aussehen, eines Kometen besitzen, da sie einen »Schweif« nach sich ziehen.

Empfehlung :

- In der metallographischen Probenpräparation sollte beim Auftreten von Kometen möglichst nicht im Gleichlauf poliert werden.
- Beim manuellen Polieren kann die Erhöhung der Drehzahl zu einer Vermeidung der Kometenbildung führen.

Kratzer

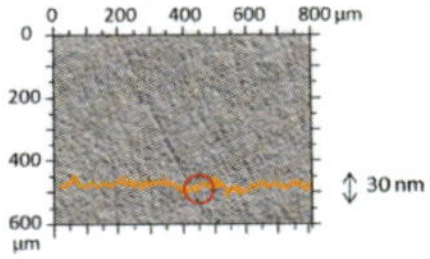

Kratzer sind beim mechanischen Polieren unumgänglich. Sind sie aber flach genug, können sie mit dem bloßen Auge nicht mehr gesehen werden und das Bild einer Hochglanz polierten Oberfläche entsteht. Sie werden daher als ungerichtete, flache Vertiefungen definiert, die meist durch Schneidkanten der Polier- oder Fremdpartikel verursacht werden (Tiefe ~ Rauheit Rt)

Empfehlung

- In Abhängigkeit von den Anforderungen an die Oberfläche können feine Kratzer auch bestehen bleiben.
- Auf die Sauberkeit der Umgebung achten, damit keine Fremdpartikel zu Kratzern führen.
- Endpolieren mit kleinen Abrasivpartikeln

Relief

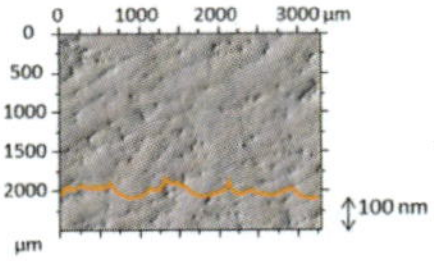

Aufgrund verschiedener Materialphasen (hart/weich) werden einzelne Phasen unterschiedlich abgetragen. Dadurch entsteht das Bild eines Reliefs.

Empfehlung

- Vor dem Polieren bei der Materialauswahl auf möglichst homogenes Gefüge achten, um die unterschiedlichen Materialphasen gering zu halten.
- Beim Polieren ein möglichst hartes Werkzeug wählen, damit die Materialphasen trotz der unterschiedlichen Härten gleichmäßig abgetragen werden.

Orangenhaut

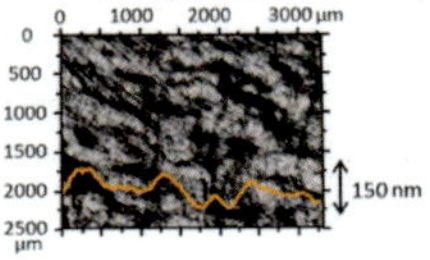

Orangenhaut besteht aus feinen Tälern und Hügeln, die tiefer als die Reliefstruktur sind und durch den Reflexionsgrad den Anschein einer Orangenhaut erwecken. Durch zu hohen Druck oder zu langer Polierdauer oder durch die Wahl des falschen Polierträgers (zu weich) kann ein solcher Defekt entstehen.

Empfehlung

- Mit geringen Drücken arbeiten
- Nicht zu lange polieren (»Überpolitur«)
- Mittelharte bis harte Polierwerkzeuge nutzen

Örtlich begrenzte Defekte

Riefen

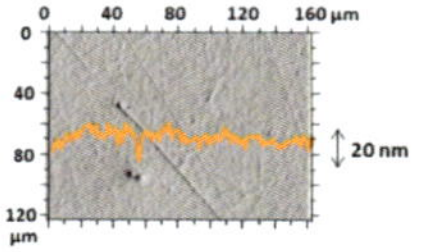

Riefen sind im Gegensatz zu Kratzern sehr tiefe gerichtete Spuren (Tiefe >> Rauheit Rt). Sie entstehen, wenn die Bearbeitungsspuren des vorherigen Schrittes (meist der Vorbearbeitung) nicht vollkommen beseitigt wurden.

Empfehlung

- Vorbearbeitungsspuren des vorherigen Schrittes immer gründlich beseitigen.

Löcher / Ausbruch

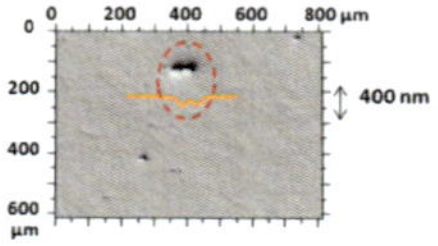

Ungleichmäßig geformte Löcher; sie entstehen dort, wo nichtmetallische Einschlüsse und Karbide im Gefüge vorhanden sind.

Empfehlung

- Mit geringen Drücken arbeiten, um ein Ausreißen zu vermeiden
- Im Vorfeld ein möglichst homogenes Stahlgefüge nutzen, wenn die Anforderungen an die Oberflächengüte sehr hoch sind (Reinheitsgrad)
- Florfreies Poliertuch nutzen, da dieses ein Herausreißen der Karbide und Einschlüsse begünstigt.
- Geringe Drücke schon beim Vor- und Feinschleifen einstellen.

Peak

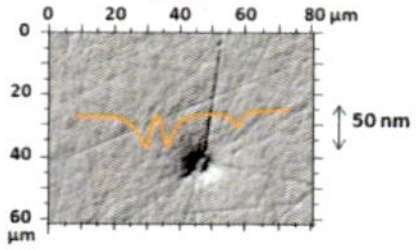

Ungleichmäßig auftretende Erhebungen. Hierbei handelt es sich entweder um Werkstückmaterial, das beim Polierprozess ungleichmäßig abgetragen wurde oder aber auch um Polierpartikel, die sich während des Polierprozesses in die Oberfläche hineingedrückt haben.

Empfehlung

- Homogene Druckverteilung
- Poliermittel nutzen mit einer hohen Viskosität

Risse

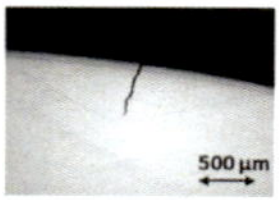

Ein Riss ist eine örtlich begrenzte Trennung des Werkstoffgefüges von geringer Breite, aber oft beträchtlicher Länge und Tiefe (nach DIN 4761 [DIN75]), der meist durch hohe Materialbeanspruchung entsteht.

Empfehlung

- Eine Vermeidung während des Poliervorgangs ist nicht möglich, da es sich eher um einen Materialfehler handelt. Aus diesem Grund sollte das Werkstück im Vorfeld auf unsichtbare Risse / Materialfehler untersucht werden.

Großflächig optische Erscheinungen

Verfärbungen

Bereich, der unterschiedlich (in den meisten Fällen matt) zur eigentlichen Oberfläche erscheint; topographisch ist dort meist kein Unterschied zu sehen.

Empfehlung

- Neutrale Poliermittel nutzen, um Schädigungen der Oberfläche zu vermeiden
- Bei weichem Material mit geringen Drücken arbeiten, damit sich keine Polierkörner in der Oberfläche festsetzen.

Nebel

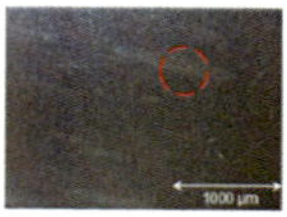

Nebel zeichnet sich durch matte, nicht glänzende Flächen der polierten Oberfläche ab und kann durch Ablagerungen des Poliermittels entstehen.

Empfehlung

- pH-neutrale Poliermittel verwenden, die keine chemische Reaktion hervorrufen
- Mit geringen Drücken arbeiten, um ein Eindrücken der Polierkörner zu vermeiden

Formabweichungen

Kantenverrundung

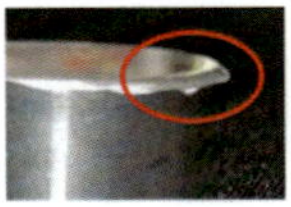

Kantenverrundungen entstehen durch unerwünschten Materialabtrag an Werkstückkanten.

Empfehlung

- Passendes Polierwerkzeug nehmen (hartes Poliertuch mit geringer Stoßelastizität)
- Reduzierung des Drucks

Welligkeit

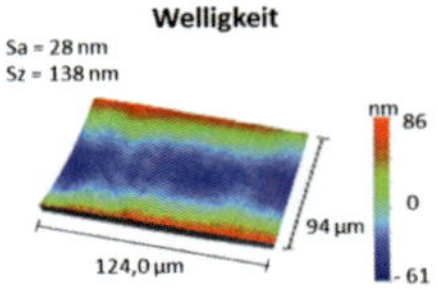

Welligkeit wird nach DIN 4760 (Formabweichungen) als die Abweichung von der ursprünglichen Geometrie im Bereich von mm definiert. Sie tritt auf, wenn beim manuellen Polieren keine gleichmäßige Druckverteilung auf das Werkstück ausgeübt wird.

Empfehlung

- Homogene Druckverteilung während des Polierprozesses, um so einen gleichmäßigen Abtrag zu erzielen

Weitere

Korrosion

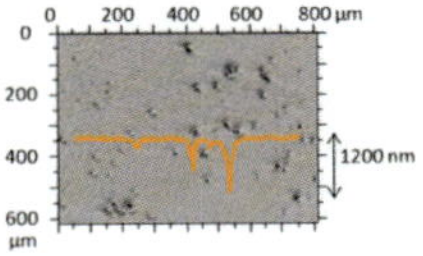

Korrosion ist die Reaktion der bearbeiteten Werkstoffe mit Stoffen aus der Umgebung. Es entsteht oft durch schlechte Trocknung nach der Reinigung.

Empfehlung

- Proben direkt nach der Bearbeitung gut reinigen und trocknen
- Proben trocken lagern

Brandmarken sind Brandmuster auf der Werkstückoberfläche, welche durch eine zu hohe Wärmeentwicklung während des Bearbeitungsprozesses entstanden sind (meist bei vorangegangenen Schleifschritten). Eine Schädigung der Oberflächenstruktur (z.B. Mikrorisse) kann die Folge sein.

Empfehlung

- Genügend Kühl-/Schmiermittel während des Prozesses verwenden

B Tabellenanhang

Appendix of tables

Tabelle 1 gibt einen Überblick über industrielle und wissenschaftliche Ansätze zur Automatisierung der manuellen Schleif- und Polierprozesse. Weiterhin enthält die Tabelle einige Veröffentlichungen, die sich bereits mit fraktalen Bewegungen in Bezug auf die Pfadplanung beschäftigen.

Jahr	Abkürzung	Titel	Kommentar
1991	[MIZU91]	Fractal Path Application in a Metal Mould Polishing Robot System	Polieransatz mit Hilfe von Peano-Kurven für die Werkzeugbahnen, einsetzbar für den Schleifprozess (nicht für den Polierprozess)
1993	[TAKE93]	Automated Polishing Process with a Human-like Dexterous Robot	Algorithmus für Schleifprozess, Hauptfokus auf Kollisions-Erkennung
1993	[GUVE93]	Force Controller Design And Evaluation for Robot-Assisted Die and Mould Polishing	Schwerpunkt liegt auf Entwicklung der Kraftkontrolle, keine Parameterbestimmung für die Endbearbeitung
1994	[SCHM94]	Finishing of Dies and Moulds, an Approach to Quality Oriented Automation	Pneumatische Kraftkontrolle für den Schleifprozess, Polieren oder Läppen wurde nicht in die Entwicklung mit einbezogen
2001	[PRAB01]	Adaptive Control of Robotic Surface Finishing Processes	Schwerpunkt liegt auf Entwicklung der Kraftkontrolle, keine Parameterbestimmung für die Endbearbeitung
2001	[LEE01]	A Robust Trajectory Tracking Control of a Polishing Robot System Based on CAM Data	Ansatz, der Trochoiden zur Bahnplangenerierung nutzt, vielversprechende Lösung, aber nur auf kleinen Bereichen anwendbar (kleine Formen und geringe Krümmungen)
2002	[HUIS02]	Automated Polishing of Die Steel Surfaces	Kein Schwerpunkt auf Parameterbestimmung der Endbearbeitung
2003	[DENK03]	Feinbearbeitung von Werkzeugen und Formen	Schwerpunkt liegt hier beim automatisierten Schleifen und Bandschleifen von Freiformflächen
2003	[CABA03]	Methods for Efficient Optimization of Robot Supported Grinding and Polishing Processes	Schwerpunkt liegt bei der Fehlerkorrektur von polierten Formen, kleine Bereiche

Jahr	Abkürzung	Titel	Kommentar
2005	[MARQ05]	Process Modeling for Robotic Polishing	Kein Schwerpunkt auf Parameterbestimmung der Endbearbeitung
2006	[KUHL05]	A Robot System for High Quality Belt Grinding and Polishing Processes	Schwerpunkt liegt bei der Fehlerkorrektur von polierten Formen, kleine Bereiche
2006	[RYUH06]	Automatic Tool Changer and Integrated Software for a Robotic Die Polishing Station	Lösung konnte Peano- und Zickzack-Kurven generieren, anwendbar für Schleifaufgaben
2007	[WU07]	New Polishing Technology of Free Form Surface by GC	Einfache Polier-Algorithmen, CAM Funktionalität anwendbar für kleine Bereiche
2008	[NAGA08]	CAD/CAM-based Position/Force Control for a Ball-End Abrasive Tool and Its Application to an Industrial Robot	Einfache Polier-Algorithmen, CAM Funktionalität anwendbar für kleine Bereiche
2008	[BREC08]	Development of a Force Controlled Polishing Tool	Entwicklung einer kraftgeregelten Polierspindel
2009	[BOGU09]	Finishing Robots: A Review of Technologies and Applications	Bewertung der existierenden Technologien und Applikationen in der Industrie
2012	[DRIE10]; [WILB12]	Manufacturing System for High Gloss Finishing of Steel Molds	Erste Ansätze zur Entwicklung robotergestützter Polierstrategien
2013	[CHAV13]	Improving Tool Wear and Surface Covering in Polishing Via Toolpath Optimization	Ansatz zur Entwicklung von Polierpfaden zur Optimierung der Oberflächenbeschaffenheit und Verringerung des Verschleißes
2013	[DIES13]	Automatic Grinding and Polishing Using Spherical Robot	Weiterer Ansatz zum robotergestützten Schleifen und Polieren
2015	[DRIE15]	Robotic Finishing Process – An Extrusion Die Case Study	Robotergestützte Bearbeitung einer Freiformfläche mit Hilfe eines CAM-Tools zur Vorhersage der Oberflächenqualität

Tabelle 1: Übersicht verschiedener Ansätze zur automatisierten Feinbearbeitung

Die folgende Tabelle zeigt die in Polierversuchen entwickelten Prozessstrategien je Stahlsorte zur Generierung schädigungsfreier Oberflächen.

Schritt	1.2083	1.2343	1.2738	1.2738 mod.
1	Rotierender Messing-Ring Ø 12 mm, Diamantpaste mit 15 µm Körnung, Anpresskraft 10,5 N, Drehzahl 4500 min^{-1}, Zeit 5 min	Rotierender Messing-Ring Ø 12 mm, Diamantpaste mit 15 µm Körnung, Anpresskraft 10,5 N, Drehzahl 4500 min^{-1}, Zeit 5 min	Rotierender Messing-Ring Ø 12 mm, Diamantpaste mit 15 µm Körnung, Anpresskraft 10,5 N, Drehzahl 4500 min^{-1}, Zeit 5 min	Rotierender Messing-Ring Ø 12 mm, Diamantpaste mit 15 µm Körnung, Anpresskraft 6,5 N, Drehzahl 4500 min^{-1}, Zeit 5 min
2	Rotierender Kunststoff-Ring Ø 12 mm, Diamantpaste 9 µm Körnung, Anpresskraft 6 N, Drehzahl 4500 min^{-1}, Zeit 5 min	Rotierender Kunststoff-Ring Ø 12 mm, Diamantpaste 9 µm Körnung, Anpresskraft 6 N, Drehzahl 4500 min^{-1}, Zeit 5 min	Rotierender Kunststoff-Ring Ø 12 mm, Diamantpaste 9 µm Körnung, Anpresskraft 6 N, Drehzahl 4500 min^{-1}, Zeit 5 min	Rotierender Messing-Ring Ø 12 mm, Diamantpaste 9 µm Körnung, Anpresskraft 6,5 N, Drehzahl 4500 min^{-1}, Zeit 5 min
3	Rotierender Kunststoff-Ring Ø 12 mm, Diamantpaste 6 µm Körnung, Anpresskraft 4 N, Drehzahl 4500 min^{-1}, Zeit 5 min	Rotierender Kunststoff-Ring Ø 12 mm, Diamantpaste 6 µm Körnung, Anpresskraft 3 N, Drehzahl 4500 min^{-1}, Zeit 5 min	Rotierender Kunststoff-Ring Ø 12 mm, Diamantpaste 6 µm Körnung, Anpresskraft 4 N, Drehzahl 4500 min^{-1}, Zeit 5 min	Rotierender Kunststoff-Ring Ø 12 mm, Diamantpaste 6 µm Körnung, Anpresskraft 6,5 N, Drehzahl 4500 min^{-1}, Zeit 5 min
4	Rotierendes Poliertuch (mittelhart), Diamantpaste 3 µm Körnung, Anpresskraft 2 N, Drehzahl 4500 min^{-1}, Zeit 5 min	Rotierendes Poliertuch (mittelhart), Diamantpaste 3 µm Körnung, Anpresskraft 2 N, Drehzahl 4500 min^{-1}, Zeit 5 min	Rotierendes Poliertuch (mittelhart), Diamantpaste 3 µm Körnung, Anpresskraft 2 N, Drehzahl 4500 min^{-1}, Zeit 5 min	Rotierender Kunststoff-Ring Ø 12 mm, Diamantpaste 3 µm Körnung, Anpresskraft 6,5 N, Drehzahl 4500 min^{-1}, Zeit 5 min
5	Rotierendes Poliertuch (mittelhart), Diamantpaste 1 µm Körnung, Anpresskraft 1N, Drehzahl 4500 min^{-1}, Zeit 5 min			Rotierendes Poliertuch (mittelhart), Diamantpaste 1 µm Körnung, Anpresskraft 6,5 N, Drehzahl 4500 min^{-1}, Zeit 5 min
Gesamt-prozess-zeit Pro cm^2	**ca. 2 min/ cm^2**	**ca. 1,7 min/cm^2**	**ca. 1,7 min/cm^2**	**ca.2 min/cm^2**
Sa (nach Schritt 5)	**6-12 nm**	**6-10 nm**	**8-14 nm**	**8-12 nm**
Sz (nach Schritt 5)	**60-140 nm**	**60-120 nm**	**80-160 nm**	**80-120 nm**

Tabelle 2: Entwickelte Prozessstrategien für rotatorische Werkzeugbewegungen

Schritt	1.2083	1.2343	1.2738	1.2738 mod.
1	Messing-Stein Diamantpaste mit 9µm Körnung, 2 mm Hub, Anpresskraft 6 N, Oszillation 15000 min^{-1}, Zeit 2 min	Messing-Stein Diamantpaste mit 9µm Körnung, 2 mm Hub, Anpresskraft 6 N, Oszillation 15000 min^{-1}, Zeit 2 min	Läppstein 220er Körnung, 2 mm Hub, Anpresskraft 6 N, Oszillation 15000 min^{-1}, Zeit 2 min	Läppstein 220er Körnung, 2 mm Hub, Anpresskraft 8 N, Oszillation 15000 min^{-1}, Zeit 2 min
2	Läppstein 320er Körnung, 2 mm Hub, Anpresskraft 8 N, Oszillation 15000 min^{-1} Zeit 2 min	Läppstein 320er Körnung, 2 mm Hub, Anpresskraft 6 N, Oszillation 15000 min^{-1}, Zeit 2 min	Läppstein 320er Körnung, 2 mm Hub, Anpresskraft 6 N, Oszillation 15000 min^{-1}, Zeit 2 min	Läppstein 320er Körnung, 2 mm Hub, Anpresskraft 8 N, Oszillation 12000 min^{-1}, Zeit 2 min
3	Läppstein 400er Körnung, 2 mm Hub, Anpresskraft 10 N, Oszillation 15000 min^{-1}, Zeit 2 min	Läppstein 400er Körnung, 3 mm Hub, Anpresskraft 6 N, Oszillation 15000 min^{-1}, Zeit 2 min	Läppstein 400er Körnung, 2 mm Hub, Anpresskraft 6 N, Oszillation 15000 min^{-1}, Zeit 2 min	Läppstein 400er Körnung, 3 mm Hub, Anpresskraft 8 N, Oszillation 10000 min^{-1}, Zeit 2 min
4	Läppstein 600er Körnung, 2 mm Hub, Anpresskraft 10 N, Oszillation 15000 min^{-1}, Zeit 2 min	Läppstein 600er Körnung, 3 mm Hub, Anpresskraft 6 N, Oszillation 15000 min^{-1}, Zeit 2 min	Läppstein 600er Körnung, 2 mm Hub, Anpresskraft 6 N, Oszillation 15000 min^{-1}, Zeit 2 min	Poliertuch (mittelhart), Diamantpaste mit 1µm Körnung, 3 mm Hub, Anpresskraft 8 N, Oszillation 8000 min^{-1}, Zeit 2 min
Gesamt-prozess-zeit pro cm^2	**ca. 42 s / cm^2**	**ca. 42 s /cm^2**	**ca. 42 s /cm^2**	**ca. 42 s /cm^2**
Sa (nach Schritt 5)	**50-70 nm**	**20-40 nm**	**40-60 nm**	**60-90 nm**
Sz (nach Schritt 5)	**1-1,5 µm**	**0,6-0,9 µm**	**1-1,3 µm**	**1-1,4 µm**

Tabelle 3: Entwickelte Prozessstrategien für translatorische Werkzeugbewegungen

C Bilderanhang

Appendix of pictures

Prozessschritt	Werkzeug		Aufgenommener Polierpfad 1.2343	1.2738
1	Bürste hart: Ø =10 mm Diamantpaste: d = 7 µm Drehzahl: n = 6.000 min^{-1}		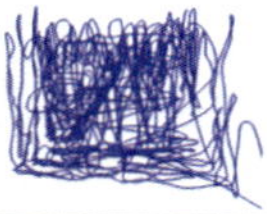	
2	Bürste weich: Ø = 10 mm Diamantpaste: d = 7 µm Drehzahl: n = 6.000 min^{-1}			
3	Bürste weich: Ø = 10 mm Diamantpaste: d = 3 µm Drehzahl: n = 6.000 min^{-1}		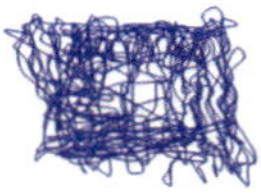	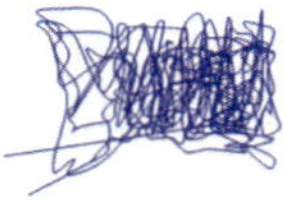
4	Filz: Ø = 10 mm Diamantpaste: d = 3 µm Drehzahl: n = 6.000 min^{-1}	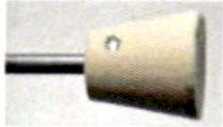		
5	Watte Diamantpaste: d = 3 µm		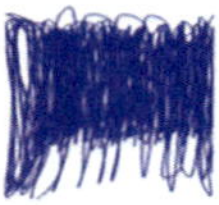	

Bild 1: Übersicht der aufgenommen Polierpfade beider Probengeometrien

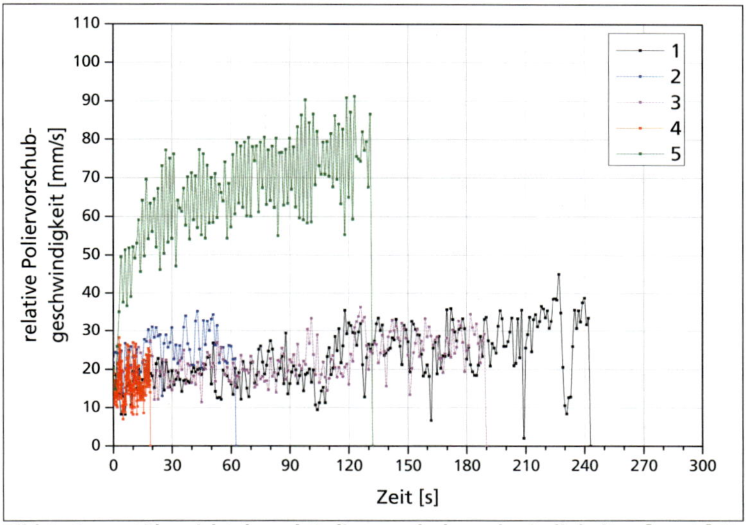

Bild 2: Gesamtübersicht der rel. Poliervorschubgeschwindigkeiten [mm/s] Stahl 1.2343

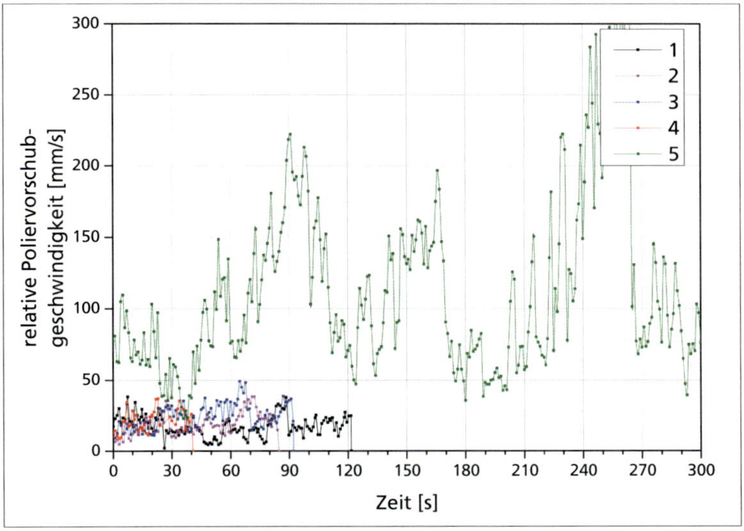

Bild 3: Gesamtübersicht der rel. Poliervorschubgeschwindigkeiten [mm/s] Stahl 1.2738

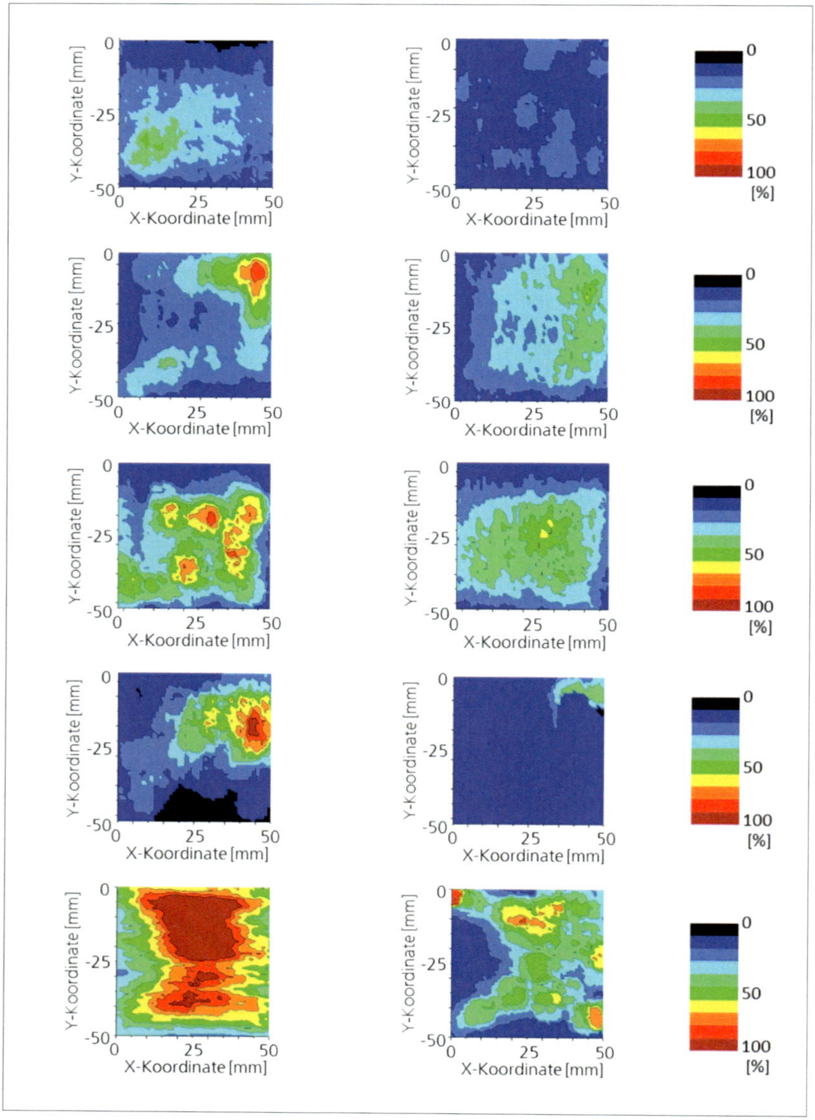

Bild 4: Pfadüberdeckung ohne (links) und mit (rechts) Krafteinfluss, Stahl 1.2738

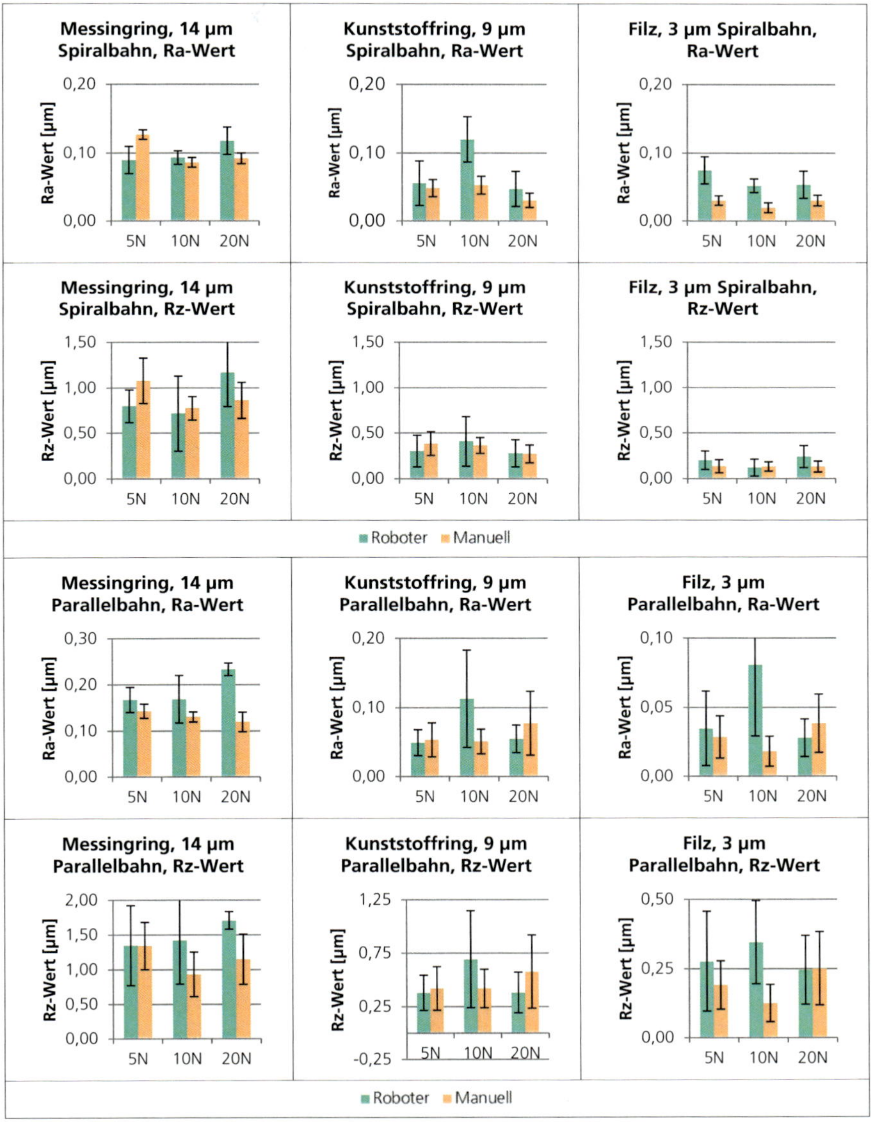

Bild 5: Vergleich Rauheitswerte manuell vs. Roboter (Spiral – und Parallelbahn)

D Auflösung des Gleichungssystems zur Polierpfadbestimmung

Resolution of equation system for calculating the polishing path

$$\begin{bmatrix} 0 & F_z & -F_y \\ -F_z & 0 & F_x \\ F_y & -F_x & 0 \end{bmatrix} \cdot \begin{bmatrix} d_x & d_y & d_z \end{bmatrix} = \begin{bmatrix} M_x \\ M_y \\ M_z \end{bmatrix}$$

$$\Rightarrow \left[\begin{array}{ccc|c} 0 & F_z d_y & -F_y d_z & M_x \\ -F_z d_x & 0 & F_x d_z & M_y \\ F_y d_x & -F_x d_y & 0 & M_z \end{array}\right] \quad \Big| \text{Zeile 1} \leftrightarrow \text{Zeile 3}$$

$$\Rightarrow \left[\begin{array}{ccc|c} F_y d_x & -F_x d_y & 0 & M_z \\ -F_z d_x & 0 & F_x d_z & M_y \\ 0 & F_z d_y & -F_y d_z & M_x \end{array}\right] \quad \Big| \begin{array}{l} \cdot(-F_z) \\ \cdot F_y \end{array}$$

$$\Rightarrow \left[\begin{array}{ccc|c} -F_z F_y d_x & F_z F_x d_y & 0 & -F_z M_z \\ -F_y F_z d_x & 0 & F_y F_x d_z & F_y M_y \\ 0 & F_z d_y & -F_y d_z & M_x \end{array}\right] \quad \Big| \begin{array}{l} \text{Zeile 2-Zeile 1} \\ \cdot F_x \end{array}$$

$$\Rightarrow \left[\begin{array}{ccc|c} -F_z F_y d_x & F_z F_x d_y & 0 & -F_z M_z \\ 0 & -F_z F_x d_y & F_y F_x d_z & F_y M_y + F_z M_z \\ 0 & F_z F_x d_y & -F_y F_x d_z & F_x M_x \end{array}\right] \quad \Big| \text{Zeile 3+Zeile 2}$$

$$\Rightarrow \left[\begin{array}{ccc|c} -F_z F_y d_x & F_z F_x d_y & 0 & -F_z M_z \\ 0 & -F_z F_x d_y & F_y F_x d_z & F_y M_y + F_z M_z \\ 0 & 0 & 0 & F_x M_x + F_y M_y + F_z M_z \end{array}\right] \quad \Big| \text{Zeile 3+Zeile 2}$$

E Dokumentation der sensorintegrierten Polieranlage - LabView

Documentation of sensor integrated polishing system - LabView

Wie in Kapitel 5.6 beschrieben, besteht das LabView-Programm aus zwei Teilprogrammen, dem Rekorder und der Analyse deren Funktionalität nachfolgend erklärt werden soll.

Bedienoberfläche Rekorder (Version vom 27.05.2013)

Das VI „REKORDER" ruft die Messwerte vom A/D-Wandler (DAQ NI USB-6341) ab und bereitet diese für die Analysen vor. Dazu werden die abgerufenen Datenblöcke gemittelt. Von den Mittelwerten wird die BIAS- Spannung, welche ebenfalls von diesem VI ermittelt wird, von den einzelnen Kanälen subtrahiert. Aus den resultierenden Spannungswerten werden die Kräfte der einzelnen Sensoren berechnet und gespeichert. Die Speicherung erfolgt im CSV-Format, wodurch die Werte mit Tabellenkalkulationsprogrammen wie Excel geöffnet und nachträglich bearbeitet werden können. Des Weiteren wird die Dauer jedes Durchlaufs vom Abruf eines Datenblocks bis zur Speicherung der Spannungen je Sensor und Richtung ermittelt. Diese kann durch den Indikator „Rechenzeit" angezeigt werden.

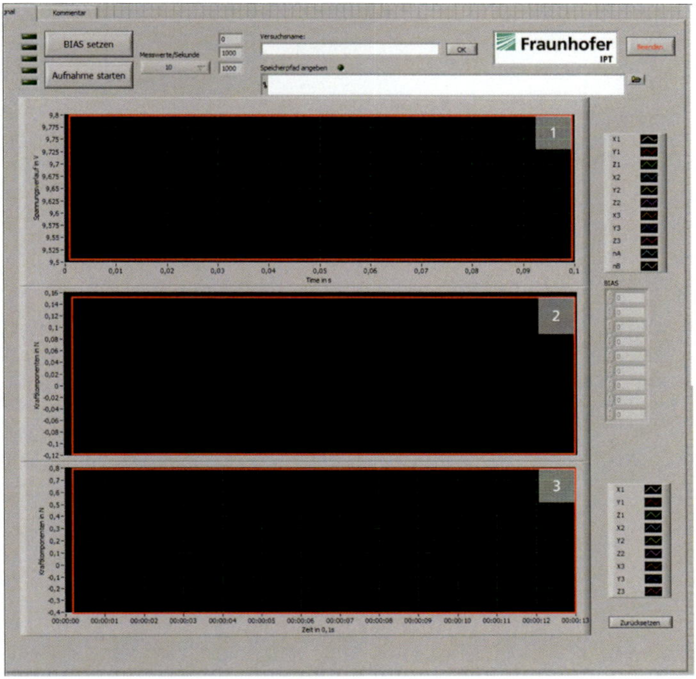

Anhang E-Bild 1: Bedienoberfläche "Rekorder"

Starten des Programms:

- Hardware einschalten (Rechner, AD-Wandler, 3 Messverstärker)
- „Rekorder.vi" starten
- Schaltfläche „Run" aktivieren und ca. 15 min zum Einschwingen der Sensoren warten

Ablauf einer Messung

Nach dem Einschalten des Rekorders bleibt die Programmoberfläche für einen kurzen Zeitraum deaktiviert (ausgegraut). In diesem Zeitraum wird die Versorgungsspannung BIAS der einzelnen Kanäle ermittelt. Die Signalkonditionierer und der DAQ müssen eine Weile vor der ersten Messung eingeschaltet sein, um Drifterscheinungen zu vermeiden. In den oberen zwei Diagrammen werden die ermittelten Messwerte angezeigt.

Dabei visualisiert Diagramm 1 die Rohdaten, also die Spannung, die an jedem einzelnen Sensor anliegt. Diese besitzt einen Wert von ca. 9,6 V. Diese Spannung darf 10 V nicht übersteigen, da es sonst zu einer Beschädigung des DAQ kommen kann.

Diagramm 2 (siehe Anhang E-Bild 2) gibt den Verlauf der gemittelten und BIAS-bereinigten Messwerte an, die in Newton angezeigt werden. Rechts neben dem Diagramm werden die aktuell verwendeten BIAS Werte angezeigt.

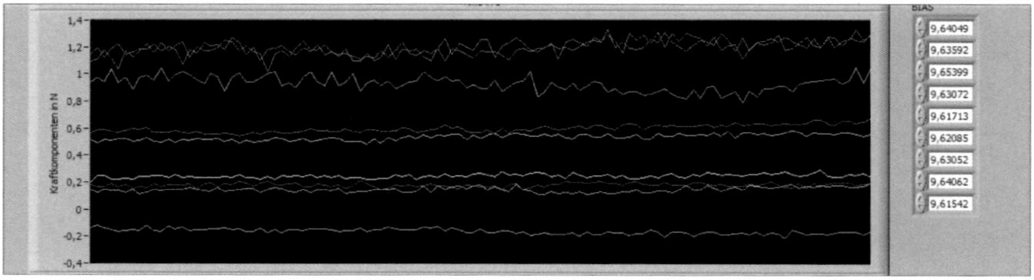

Anhang E-Bild 2: Verlauf der Anpresskraft

Diagramm 3 (Anhang E-Bild 3) ist vor dem Starten der eigentlichen Messung inaktiv. Hier werden die aktuellen bzw. aufgezeichneten Kräfte dargestellt.

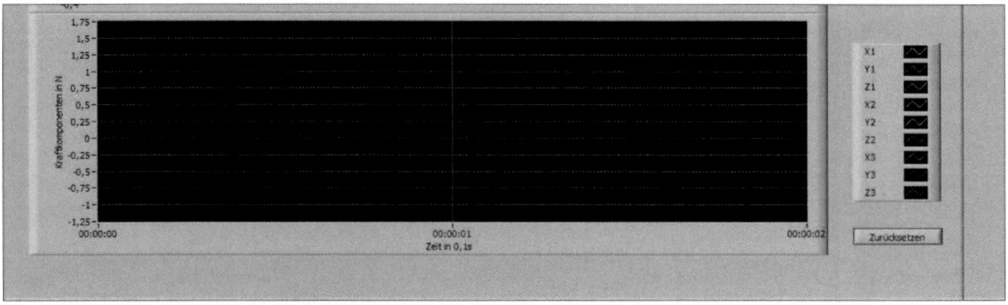

Anhang E-Bild 3: Aufgezeichnete Werte

Im Feld *„Versuchsname"* kann die genaue Bezeichnung des Versuchs eingetragen werden. Mit dem rechten *„OK"* Schalter wird diese in den Dateinamen des Versuchs übernommen.

Im zweiten Reiter der Bedienoberfläche *„Kommentar"* können die Parameter *Polierkinematik*, *Poliermittel*, *Poliermittelträger*, *Durchmesser/Länge* des Werkzeugs und *Hublänge* dokumentiert werden. Ferner können im Feld *„Kommentar"* weitere Informationen zum Versuch eingetragen werden (Anhang E-Bild 4).

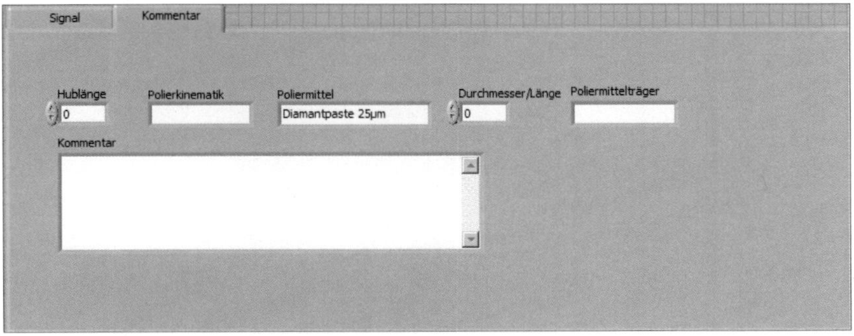

Anhang E-Bild 4: Bedienoberfläche - Kommentar-Reiter

Bei der Messung der Kraft ist bei längeren Messzeiten (>10 Minuten) eine Drift in den berechneten Kraftkomponenten zu beobachten. Aus diesem Grund sollte unmittelbar vor dem Start einer Messung durch Betätigung des „BIAS setzen"-Schalters eine erneute Berechnung der BIAS Werte eingeleitet werden. Hierdurch werden alle Schalter des Programms für einen Zeitraum von fünf Sekunden inaktiviert, während aus den Messwerten die aktuellen BIAS Werte ermittelt werden.

Durch Betätigung des *„Aufnahme starten"*-Schalters beginnt der Speichervorgang der aufgenommenen Messwerte in die angegebene Datei. Dabei wird die Uhrzeit im Format hh~mm automatisch in den Dateinamen eingetragen, um ein versehentliches Überschreiben von Messdaten zu vermeiden. Sollten innerhalb einer Minute mehrere Messungen gestartet werden erfolgt eine weitere Nummerierung der Dateien.

Durch Betätigung des Schalters *„Aufnahme beenden"* ist die Speicherung der Messwerte abgeschlossen. Danach kann Diagramm 3 mit dem Schalter *zurücksetzen* (rechts neben Diagramm 3) geleert werden. Dies ist jedoch nicht zwingend notwendig, da die Daten einer weiteren Messung einer vorherigen Messung angehängt werden.

Anmerkungen

Mit der Auswahl-Liste *„Messwerte/Sekunde"* kann die Anzahl der Messwerte pro Sekunde gewählt werden. Um die Anzahl der Messwerte auf einen verarbeitbaren Umfang zu begrenzen, wurde dieser Wert für 10 Messwerte/Sekunde fest voreingestellt.

Programmierung Rekorder (Rekorder2013-05-27.vi)

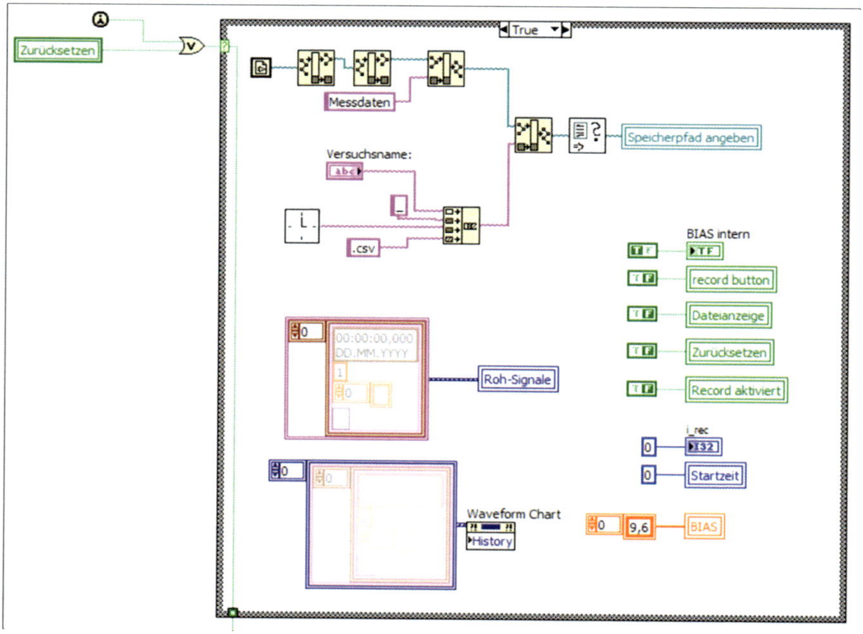

Anhang E-Bild 5: Case-Struktur zur Initialisierung der Programmvariablen

Das Blockdiagramm für den Rekorder.vi ist in den Abbildungen Anhang E-Bild 5 bis Anhang E-Bild 14 dargestellt. Die Programmierung der Messdatenauswertung ist in eine While-Schleife eingebettet. Zu Beginn eines Schleifendurchlaufs wird ein Zeitstempel erzeugt, der an die Anzeige *„Anfangszeit"* übergeben wird. Am Ende eines Durchlaufs wird die Differenz zu einem weiteren Zeitstempel, der an die Anzeige *„Endzeit"* übergeben wird berechnet. Damit kann für jeden Durchlauf die Verarbeitungsdauer ermittelt werden, welche in der Anzeige *„Rechenzeit"* ausgegeben wird. Die Sequenzierung der weiteren Programmschritte erfolgt durch die Übergabe von Variablen (in der Regel der Boolesche Wert, der die Case-Strukturen steuert).

In der ersten Case-Struktur (Anhang E-Bild 5) die von LabVIEW abgefragt wird, werden die Variablen des Programms initialisiert. Diese Initialisierung erfolgt sowohl beim Start des Programms, als auch beim Ende jeder Aufnahme.

An oberster Stelle des Blockdiagramms werden Dateipfad und Dateiname für die zu speichernden Messwerte erzeugt. Als Standard-Pfad wird der Ordner *„Messdaten"* im übergeordneten Verzeichnis *„Tracking-Force-Plate"* (PKE) ausgewählt. Der Dateiname besteht aus dem Eintrag im Feld *„Versuchsdaten"*, gefolgt von einem Unterstrich, dem Zeitstempel im Format jjjj.mm.tt_hh~mm und der Dateiendung *„.csv"*. Ist eine Datei mit diesem Namen in dem Verzeichnis bereits enthalten, wird im SubVI ÜBERSPEICHERSCHUTZ  eine fortlaufende Nummerierung angefügt, (Anhang E-Bild 6).

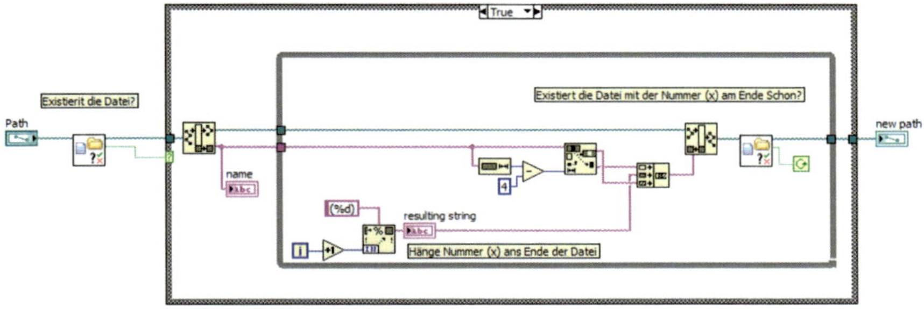

Anhang E-Bild 6: Blockdiagramm des SubVIs ÜBERSPEICHERSCHUTZ

Der Zeitstempel wird im SubVI ZEITSTEMPEL  formatiert (Anhang E-Bild 7)

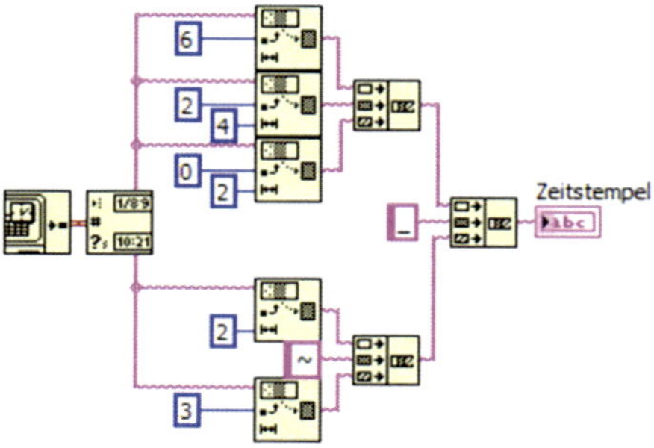

Anhang E-Bild 7: Blockdiagramm des SubVIs Zeitstempel

Links unten in der ersten Case-Struktur werden der Graph für die Anzeige der Rohdaten und die Historie des Charts für die Anzeige der Kraftkomponenten zurückgesetzt. Die Variablen auf der rechten Seite werden nachfolgend von oben nach unten erklärt:

BIAS intern	löst den Zyklus für die Berechnung der BIAS aus
record button	setzt den Aufnahme Schalter auf aus
Dateianzeige	Information aus dem Tab *„Kommentar"* wird an den Anfang der Messdatei geschrieben
Zurücksetzen	steuert die Reinitialisierung nach Beendigung einer Aufnahme
Record aktiviert	inaktiviert die Reinitialisierung bzw. den „Zurücksetzen" während einer Aufnahme
I_rec	wird für die Erzeugung der Messzeitpunkte verwendet
Startzeit	dient bei der Berechnung der BIAS Spannung das Zeitfenster von 5 s zu bestimmen
BIAS	ist das Array, in dem die BIAS Werte gespeichert werden. Diese werden Anfangs alle auf 9,6 V gesetzt (entspricht dem ungefähren Wert)

Die zweite Case-Struktur (Anhang E-Bild 8) erlaubt, dass der *„Versuchsname"* jederzeit durch Betätigung des *„OK-Schalters"* (neben dem Feld *„Versuchsname"*), in den Dateinamen für die zu speichernden Werte eingefügt werden kann. Der Schalter heißt ebenfalls *„Versuchsname"* und ist auf die Operationsweise *„Latch when released"* eingestellt.

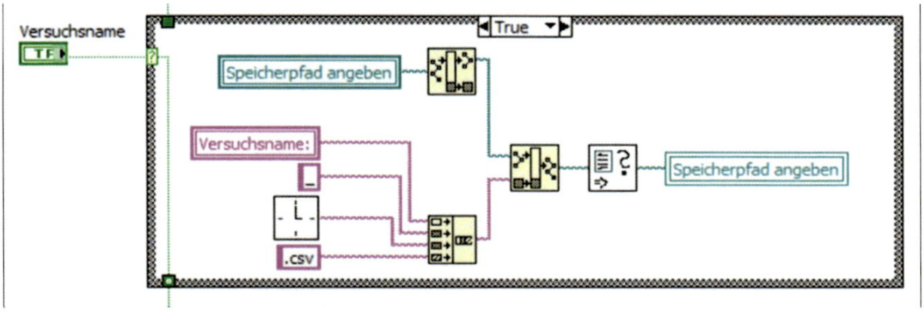

Anhang E-Bild 8: 2. Case-Struktur

Die Erstellung des Dateinamens erfolgt im Wesentlichen auf die gleiche Weise wie bei der Initialisierung in der ersten Case-Struktur.

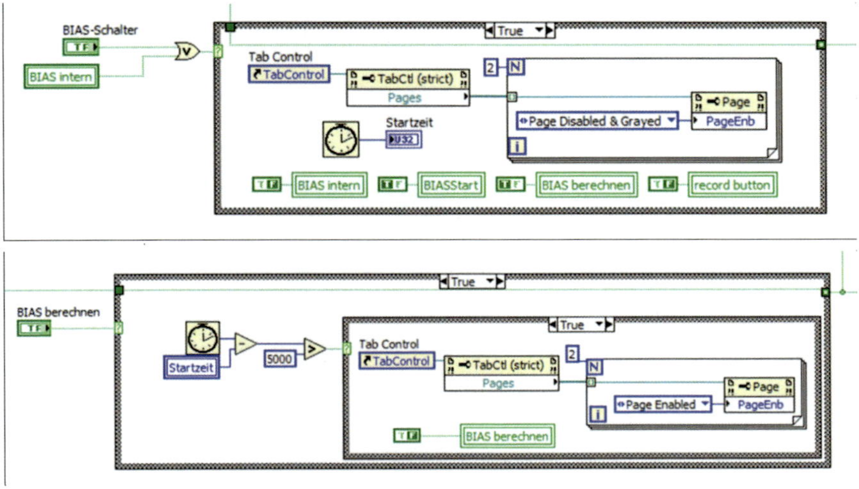

Anhang E-Bild 9: Case-Strukturen zur Berechnung der BIAS Spannung

Als nächstes fragt LabVIEW die für die Berechnung der BIAS zuständigen Case-Strukturen ab (Anhang E-Bild 9). Diese Case-Strukturen steuern den Berechnungsvorgang. Dazu werden in der oberen der beiden Case-Strukturen die beiden Tabs *„Signal* und *Kommentar"* inaktiviert, ein Zeitstempel in der Variable *„Startzeit"* gespeichert und die Variablen *„BIAS intern"* (false), *„BIAS Start"* (true), *„BIAS berechnen"* (true) und *„record button"* (false) gesetzt. Die Variablen *„BIAS Start"* und *„BIAS berechnen"* starten die eigentliche Berechnung; ihre genauen Funktionen werden später erklärt.

In der unteren Case-Struktur (Anhang E-Bild 9) wird in jedem Schleifendurchlauf (der Hauptschleifen) die Differenz zwischen aktuellem Zeitstempel und der *„Startzeit"* gebildet. Ist diese größer als fünf Sekunden, werden die Tabs wieder aktiviert und die Berechnung durch Ändern des Zustandes von *„BIAS berechnen"* auf „false" beendet.

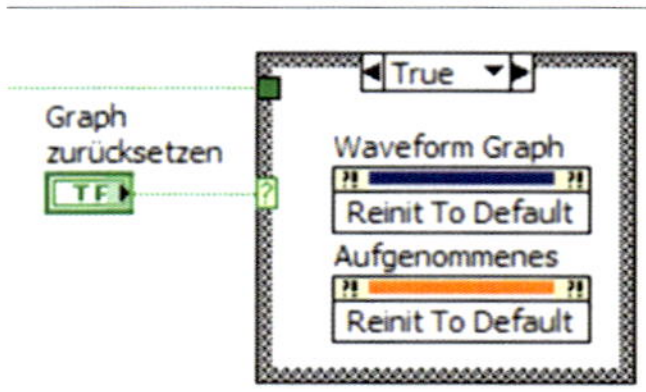

Anhang E-Bild 10: Case-Struktur 3

Rechts neben den Case-Strukturen für die BIAS Berechnung befindet sich eine weitere Case-Struktur, durch die Diagramm 3 (Anhang E-Bild 1) zurückgesetzt wird. Der Eigenschaftsknoten „Waveform Graph" leert die Anzeige selbst; Aufgenommenes stellt die Historie des Graphen dar. Normalerweise besitzt ein „Waveform Graph" in Labview keine Historie. Damit die Anzeige vergangener Messwerte möglich ist, werden diese in dem angegebenen Array gespeichert.

Nachfolgend soll die Ansteuerung des DAQ Assistenten beschrieben werden, wodurch die Aufbereitung der Daten und die Anzeige selbiger erfolgt.

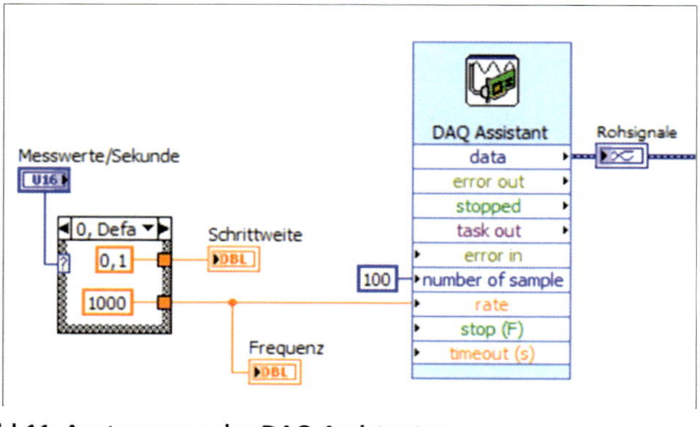

Anhang E-Bild 11: Ansteuerung des DAQ Assistenten

Im DAQ Assistenten wurden 11 Kanäle zur Spannungsmessung in Volt an analogen Eingängen eingerichtet. Diese bestehen aus je drei Kanälen für die Richtungskomponenten der Triaxial-Kraftaufnehmer und zwei zusätzlichen Kanälen für die Drehzahl des Polierwerkzeugs.

Die Belegung der analogen Eingänge kann der Datei *„DAQ Belegung.htm"* entnommen werden. Für jeden dieser Kanäle ist ein Messbereich von 0 bis 10 Volt eingestellt. Als Anschlussart ist RSE (Referenced Single-Ended / massebezogenes Messen) ausgewählt. Die Datenerfassung erfolgt kontinuierlich.

Die Messfrequenz (Anzahl der Messwerte je Sekunde) wird im Blockdiagramm festgelegt. Frequenzen von 1.000, 2.000 und 5.000 Messwerten je Sekunde stehen als Auswahl zur Verfügung. Da von diesen Messwerten jeder Block mit 100 Werten gemittelt wird ergeben sich Zeitdifferenzen, die sogenannte Schrittweite, zwischen den einzelnen Messpunkten. Diese betragen 0,1 s, 0,05 s beziehungsweise 0,02 s je nach eingestellter Anzahl der Messwerte. An dieser Stelle ist die Beschreibung der Funktion bzw. der Anschlüsse (number of samples / Samples pro Kanal) des DAQ Assistenten in LabVIEW sehr verwirrend, da hier immer von der Größe des Puffers im DAQ gesprochen wird. Tatsächlich handelt es sich jedoch um die Anzahl der Samples pro Kanal, die in jedem Durchlauf abgerufen werden.

Vor der Mittelung der jeweils 100 Messwerte, werden die ursprünglichen Messdaten im Diagramm *„Rohsignal"*, (Diagramm 1, Anhang E-Bild 1), angezeigt. Dies soll sicherstellen, dass die Spannung der einzelnen Kanäle einen Wert von 10 V nicht überschreitet. Da die gemessenen Spannungen sich alle unter 9,65 V einpendeln, die maximale Sensitivität in X- bzw. Y-Richtung bei 2,252 mV/N und in Z-Richtung bei 0,6612 mV/N liegt, darf ein einzelner Sensor in Z-Richtung mit maximal 500 N und in X- bzw. Y-Richtung mit maximal 150 N belastet werden, um eine Beschädigung des DAQs zu verhindern.

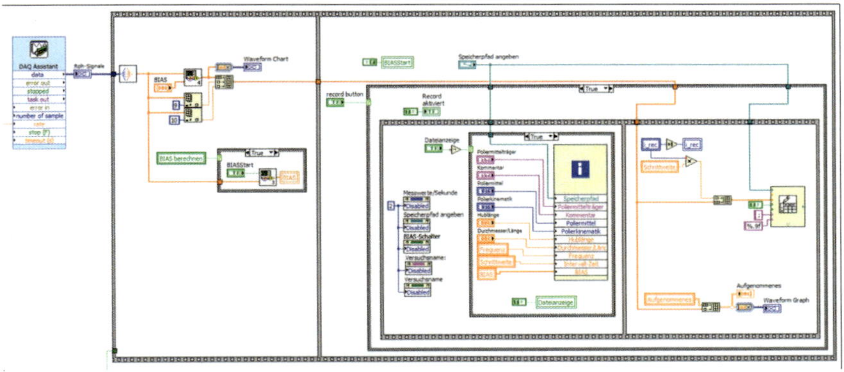

Anhang E-Bild 12: Datenerfassung, Datenaufbereitung, Datenspeicherung und Anzeige

Die Rohdaten aus dem DAQ (Anhang E-Bild 12)werden dem SubVI MITTELUNG ROHDATEN 

übergeben. Das SubVI gibt ein Array mit den neun gemittelten Spannungswerten für die Kräfte und zwei gemittelte Spannungswerte für die Drehzahlen aus. Ist die BIAS Berechnung zu Beginn des Programms oder durch Betätigung des *„BIAS-Schalters"* gestartet, werden die gemittelten Spannungswerte für die Kräfte über fünf Sekunden gesammelt, nochmals je Kanal der Mittelwert gebildet und diese Mittelwerte als neue BIAS Werte verwendet.

Ist die BIAS Berechnung nicht aktiv, entnimmt das SubVI SPANNUNG-KRAFTKOMPONENTEN  die Werte für die Kraftkanäle und übergibt diese zusammen mit den BIAS Werten an das SubVI SPANNUNG-KRAFT-WANDLER .

In diesem SubVI wird von der Spannung jeden Kanals die jeweilige BIAS Spannung subtrahiert. Im Fall der X- und Y-Kanäle wird entschieden, ob eine positive oder negative Auslenkung vorliegt (da es hierfür unterschiedliche Sensitivitäten gibt) und danach die entsprechende Sensitivität ausgewählt. Für jeden Sensor werden die BIAS-freien Spannungen und Sensitivitäten der drei Richtungskomponenten an das „SubVI U-F-SKALIERUNG" übergeben. Hier werden die Spannungswerte in mV umgerechnet und durch Division mit der Sensitivität in die Einheit Newton übertragen. Im SubVI SPANNUNG-KRAFTKOMPONENTEN entsteht das Array *„Kraftkomponenten"*. Dieses wird im *„Waveform-Chart"* (Diagramm 2, Anhang E-Bild 1) angezeigt. Für die Speicherung werden den neun Kraftwerten anschließend die Werte der beiden Spannungen für die Drehzahlen angefügt.

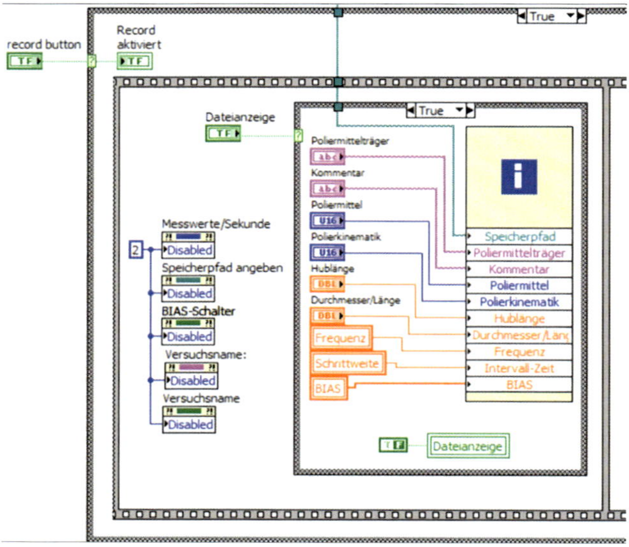

Anhang E-Bild 13: Arbeitsschritt zu Beginn einer Aufnahme

Der Start einer Messung beginnt mit der Erstellung der Datei und dem Setzen des Dateikopfs in dem alle wesentlichen Beschreibungen des aufzuzeichnenden Prozesses festgehalten werden. Diese Schritte erfolgen im SubVI SETUPINFORMATIONEN SCHREIBEN. Gleichzeitig werden alle nicht benötigten Bedienelemente des Frontpanels inaktiviert. Ist die Messdatei erstellt, wird dem Array *„Kraftkomponenten"* die aktuelle Schrittzeit vorangestellt (die sich aus der Schrittweite multipliziert mit der Anzahl der aufgezeichneten Durchläufe berechnet). Diese Zeile aus 12 Werten (Zeit + 9 Kraftkomponenten + 2 Drehzahlen) wird daraufhin in jedem Durchlauf der Messdatei angehängt.

Für die Anzeige der aufgezeichneten Werte werden diese im Array *„Aufgenommenes"* gesammelt und dieses Array an Diagramm 3 (Anhang E-Bild 1) des Frontpanels übergeben.

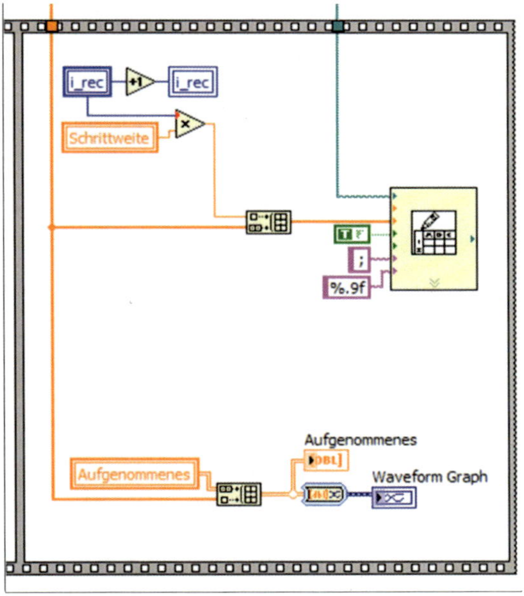

Anhang E-Bild 14: Schreiben der Daten je Durchlauf und Anzeige.

<u>Bedienoberfläche Analyzer</u> (Version vom 27.05.2013)

In das Analysetool werden die zuvor aufgezeichneten Messdaten des Rekorders als Excel Datei eingelesen. Anschließend wird die Geometriedatei des Werkstückes ausgewählt und die Analyse gestartet. Zuvor können diverse Filter ausgewählt werden, um das Messsignal bei Bedarf zu glätten.

Beim Start des Analyse-Tools wird der Nutzer aufgefordert, eine Messwertdatei für die Analyse zu öffnen. Die Messwertdateien werden durch das Rekorder-Tool standardmäßig im Verzeichnis: *L:\intern\OE110\Arbeitsverzeichnisse\bhs\HiWi-Ordner\Tracking-Force-Plate\Messdaten* abgelegt.

Nach der Auswahl einer Messwertdatei, zeigt das Analyse-Tool stets den Reiter „SETUP" an (siehe Anhang E-Bild 15)

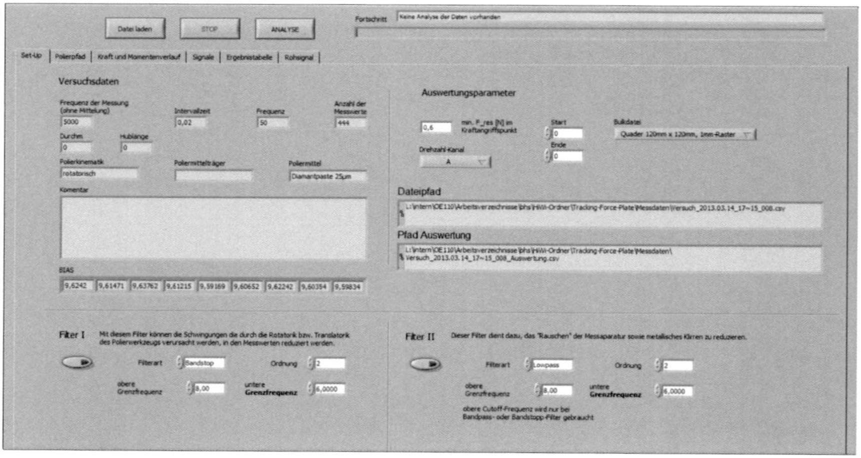

Anhang E-Bild 15: Übersicht Bedienoberfläche "Setup"

Im Bereich „Versuchsdaten" werden die im Rekorder eingestellten Werte angezeigt. Rechts daneben befindet sich der Bereich „Auswertungsparameter", in dem die Parameter für die Auswertung eingestellt werden können. Die Bulkdatei ist hier auf die 120x120 mm Platte mit einem Millimeter Punktabstand voreingestellt. Diese kann für andere Geometrien gegenenenfalls angepasst werden.

Darunter befinden sich die Einstellungen für zwei Filter. In der Voreinstellung sind beide ausgeschaltet. Für jeden Filter können die Parameter Filterart, Ordnung, obere und untere Grenzfrequenz ausgewählt werden.

Im Reiter „Rohsignal" werden die eingelesenen Messwerte analog zum Rekorder-Tool in einem Diagramm dargestellt. Im Reiter „Signale" kann jeder Messkanal einzeln betrachtet werden.

Durch Betätigung des Schalters „Analyse" wird die Messwertauswertung gestartet. Aus den einzeln gemessenen Kraftkomponenten der drei Sensoren werden zunächst die resultierenden Momente sowie Angriffswinkel berechnet, um in nächsten Schritt den exakten Kraftangriffspunkt für jeden Messzeitpunkt zu bestimmen. Hieraus wird der Polierpfad berechnet, der in Form eines Diagramms im Reiter „Polierpfad" dargestellt und gleichzeitig als Bilddatei gespeichert wird. Durch Regler im Bild, kann der Pfad in einzelnen Zeitabschnitten dargestellt werden. Die dort entstandenen Teilpfade können separat in eine Bilddatei exportiert werden. Eine weitere Funktion im Reiter „Polierpfad" ist die Videoanimation des ausgezeichneten Polierpfades. Der Bediener kann den Polierpfad in einer beliebig eingestellten Zeit anschauen. Zu jedem Zeitpunkt ist die resultierende Gesamtkraft dargestellt. Die analysierten Werte werden in einer Excel Tabelle gespeichert, was ein späteres Einladen der Ergebnisse ermöglicht.

Programmierung (Analyzer.vi 2013-04-03)

Sobald das Programm „Analyzer.vi" aufgerufen wird, erscheint ein Fenster zur Auswahl der zu analysierenden Excel Datei, diese wird vom Benutzer ausgewählt. Nun überprüft das Programm, ob bereits eine Analyse vorhanden ist. Trifft dies zu, werden die bereits analysierten Daten abgerufen und die Auswertungsergebnisse grafisch dargestellt. Ist keine Analyse vorhanden, werden die Daten für die folgende Analyse vorbereitet. Das grafische Interface, das der Bediener nutzt, besteht aus sechs verschiedenen Reitern, die unterschiedlichen Blockdiagrammen zugeordnet werden können. Im Set-Up können alle analyserelevanten Einstellungen getätigt werden, dies umfasst das Einladen der Datei, die Pfadangaben sowie das Benennen der Dateien, die Auswahl der Bulkdatei und Filtereinstellungen. Zudem kann eine Bulkdatei aus dem Drop-down Menü gewählt werden.

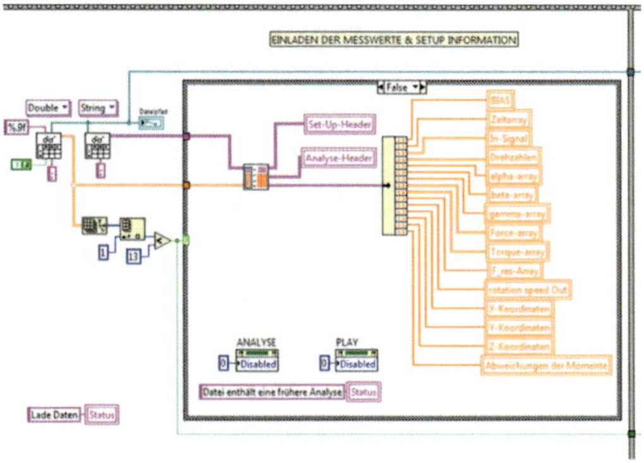

Anhang E-Bild 16: Blockdiagramm – Setup

Dabei wird ein neuer Dateiname erstellt. An den ursprünglichen Versuchsnamen wird der Zusatz „Auswertung" angehängt. Ein Überspeicherungsschutz ist ebenfalls integriert. Der Dateipfad der Drehzahltabelle wird gesondert eingelesen. Da die Zeitachsen der Auswertungsgraphen dynamisch an die Anzahl der Messwerte, sowie an die Dauer der Versuche angepasst werden, wird dies im selben Abschnitt realisiert (Anhang E-Bild 16).

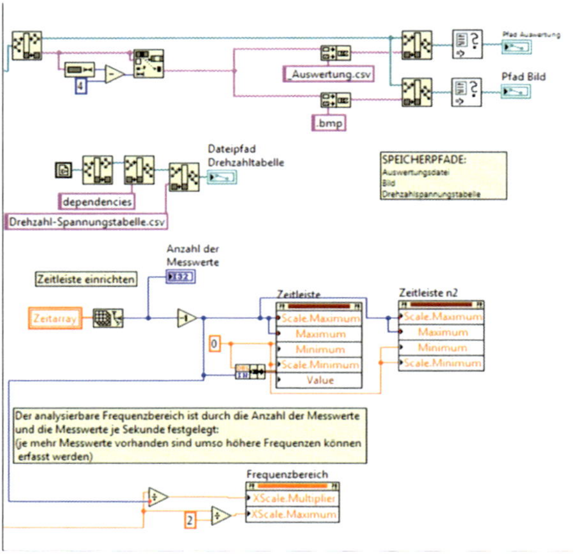

Anhang E-Bild 17: Blockdiagramm-Speicherpfade

Bei der Analyse wird zunächst das eingeladene Signal in seine einzelnen Komponenten aufgeteilt und anschließend ja nach Einstellung durch einen Hoch- oder Tiefpassfilter geglättet. Im nächsten Schritt werden aus den einzelnen Komponenten resultierende Kräfte, Momente sowie Angriffs- und Rotationswinkel berechnet. Diese Werte werden anschließend in Arrays gespeichert. Parallel wird die Drehzahltabelle zur Drehzahlbestimmung eingeladen. Zum Schluss wird die passende Geometriedatei (Bulkdatei), welche am Anfang per Drop down Menü ausgewählt wurde, eingeladen (Anhang E-Bild 18).

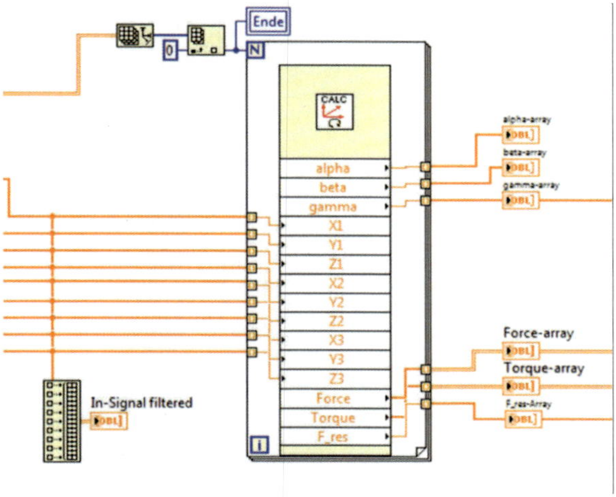

Anhang E-Bild 18: Blockdiagram - Einlesen und Berechnen der Signale

Im nächsten Schritt (Anhang E-Bild 19) erfolgt die Berechnung der Kraftangriffspunkte aus denen sich die Polierpfade ergeben. Die Berechnung der Kraftangriffspunkte ist in Kapitel 5.5 eingehend beschrieben.

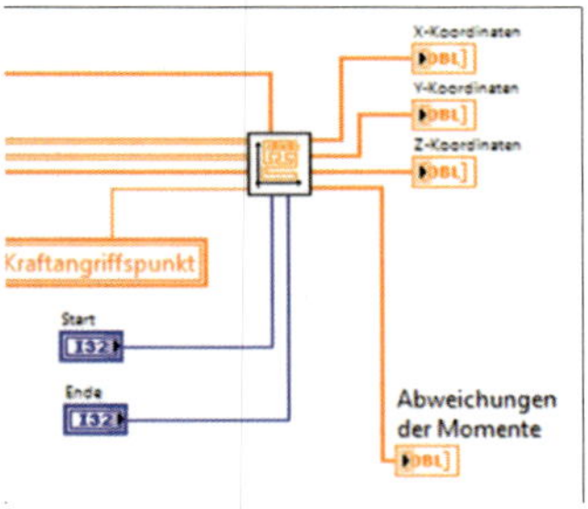

Anhang E-Bild 19: Berechnung der Kraftangriffspunkte

Nach der Berechnung der Kraftangriffspunkte wird der Set-Up-Header mit den Parametern der Analyse erstellt. Die berechneten Werte werden in der Analysedatei gespeichert und die Verläufe zur Visualisierung in den einzelnen Reitern der Bedienoberfläche angezeigt.

F Quellcode Java Algorithmus

Source Code

```
import java.io.*;
import java.util.ArrayList;
import java.util.StringTokenizer;
//import java.awt.geom.Line2D;
//import java.awt.geom.Point2D;

public class Pfadanalyse3
{
	//private static final String UNUSED = "unused";

	static ArrayList<PathPoint> Points;

	static int PathMap[][];
	static double EffectMap[][];
	static double BrushRadius;
	static int Sector[];
	static ArrayList<SectorChange> SectorChange; //Index of the
change

	static int XASize;
	static int YASize;
	static double xmin;
	static double ymin;
	static double xsize;
	static double ysize;
	static int ZigZagCounter=0;
	static int WatteCounter = 0;
	static int LSCounter = 0;
	static int ISCounter = 0;
	static int RSCounter = 0;
	static int AllSpiralCounter = 0;
	static int WPCounter = 0;
	static int SpiralLeft = 0;
	static int SpiralRight = 0;
	static int z = 0;

	public static void main(String args[])
	{
		LoadPositions(args[0]);
		InitPathMap();
		ProcessAllSegments(5); //Radius der Werkzeuge 5 mm
		WritePath-
Map(args[0]+"RunCounter.csv",args[0]+"EffectCounter.csv");
		MakeSectorList();
		WriteSectorList(args[0]+"ZigZag.csv");
		FindTurningPoints();
		FindAllZigZags(args[0]+"ZigzagList");
		FindRightSpirals(args[0]+"SpiralList");
		FindLeftSpirals(args[0]+"SpiralList");
		FindIntersectionSpirals(args[0]+"SpiralList");
		FindAllStillMovements(args[0]+"WatteList");

	}
```

```
	//Testprogramm zum testen, ob Variablen richtig geschrieben
wurden
	static void TestOutput()
	{
		PathPoint p;
		for(int i=0; i<Points.size(); i++)
		{
			if (i<100)
			{
				p = Points.get(i);

			Sys-
tem.out.println(i+"\t"+p.Time+"\t"+p.x+"\t"+p.y+"\t"+p.Force+"\t"+p.
RPM);
			}
		}
	}



	//Einlesen der Original-csv-Tabelle (ausgewaehlte Spalten)

	static void LoadPositions(String path)
	{
		Points = new ArrayList<PathPoint>();
		String Line;
		int FileLength=0;
		String Token;
		StringTokenizer str;
		PathPoint NPoint=null;
		double Time, x,y,Force,RPM;
		boolean PreviousNAN=false;
		RPM=0;
		try
		{
			BufferedReader br = new BufferedReader(new FileRead-
er(new File(path)));
			while (br.readLine() != null) {
			    FileLength++;
			}
			br.close();
			br = new BufferedReader(new FileReader(new
File(path)));
			for(int i=0; i<18; i++) //Ueberspringe erste 18
Zeilen
			{
				Line = br.readLine();
			}


			for(int i=19; i<FileLength+1; i++)
			{
				Line = br.readLine();
				Line = Line.replaceAll(",",".");
				str = new StringTokenizer(Line);
				Token = str.nextToken(";");
				Time = Double.parseDouble(Token);
				for(int j=0; j<20; j++)
				{
```

```
                        str.nextToken(";");
                    }
                    //Gehe bis Spalte mit resultierender Kraft
(Gesamtkraft)
                    Force = Double.parseDouble(str.nextToken(";"));
                    RPM = Double.parseDouble(str.nextToken(";"));
                    x = Double.parseDouble(str.nextToken(";"));
                    y = Double.parseDouble(str.nextToken(";"));
                    if( !(Double.isNaN(x) || Double.isNaN(y)) )
                    {
                        NPoint = new PathPoint(Time,
x,y,Force,RPM);
                        if(i==19)
                            NPoint.SetStartPoint();
                        else if(PreviousNAN)
                        {
                            NPoint.SetStartPoint();
                        }
                        Points.add(NPoint);
                        PreviousNAN=false;
                    }
                    else if(NPoint!=null)
                    {
                        NPoint.SetEndPoint();
                        PreviousNAN = true;
                    }
                    else
                        PreviousNAN = true;

                }
                br.close();

            }
            catch(IOException e)
            {
                System.out.println("o O!");
            }
            int counter=0;
            for(int i=0; i<Points.size(); i++)
            {
                if(Points.get(i).start)
                {
                    counter++;
                }
            }
        //System.out.println("A Start point" +counter);
        }


        //Zur Berechnung der Pfadverteilung auf Oberflaeche
            static void InitPathMap()
            {
                //Find max vom Werkstueck
                xmin=Points.get(0).x; double xmax=Points.get(0).x;
                ymin=Points.get(0).y; double ymax=Points.get(0).y;
                for(int i=0; i<Points.size(); i++)
                {

                        if(Points.get(i).x>xmax)
```

```
                        xmax = Points.get(i).x;
                    if(Points.get(i).x<xmin)
                        xmin = Points.get(i).x;
                    if(Points.get(i).y<ymin)
                        ymin = Points.get(i).y;
                    if(Points.get(i).y>ymax)
                        ymax = Points.get(i).y;

            }
            xsize = xmax-xmin;
            ysize = ymax-ymin;
            XASize = (int) Math.round(xsize);
            YASize = (int) Math.round(ysize);


            PathMap = new int[XASize][YASize];
            EffectMap = new double[XASize][YASize];

    //Erstellen eines Rasters mit Rastergröße 1mm

            for(int i=0; i<XASize; i++)
                for(int j=0; j<YASize; j++)
                {
                    PathMap[i][j]=0;
                    EffectMap[i][j]=0;
                }
        }

    //Schreiben des Rasters in Datei
    static void WritePathMap(String Path, String Path2)
    {
        try
        {
            FileWriter fw = new FileWriter(new File(Path));
            FileWriter fw2 = new FileWriter(new File(Path2));
            fw.write("X-Koordinate;Y-Koordinate;Anzahl Ueber-
schneidungen\n");
            fw2.write("X-Koordinate;Y-
Koordinate;Effectvariable\n");
            for(int i=0; i<XASize; i++)
                for(int j=0; j<YASize; j++)
                {

    fw.write((xmin+i*xsize/XASize)+";"+(ymin+j*ysize/YASize)+";"+Pa
thMap[i][j]+"\n");

    fw2.write((xmin+i*xsize/XASize)+";"+(ymin+j*ysize/YASize)+";"+E
ffectMap[i][j]+"\n");
                }

            fw.close();
            fw2.close();

        }
        catch(IOException e)
        {

        }
    }
```

```
	static boolean PointWithInDistanceToLine(Vec p1, Vec p2, Vec 
Point, double Distance)
	{
		Vec a = p2.Subtract(p1);
		Vec b = p1;
		double r = (Point.dotP(a)-b.dotP(a))/(a.dotP(a));
		if(r<0)
		{
			r=0;
		}
		if(r>1.0)
		{
			r=1.0;
		}
		Vec D = a.SMult(r).Add(b);
		double distance = D.Subtract(Point).Norm();
		if(distance<=Distance)
			return true;
		else
			return false;
	}

	static void ProcessAllSegments(double BrushRadius)
	{
		for(int i=0; i<Points.size()-1; i++)
		{
			if(!Points.get(i).end)
				MapSegment(i,BrushRadius);
		}
	}

	//Berechnung mit Einbeziehung der Kraft (auf Basis von Preston)
	static void MapSegment(int i, double BrushRadius)
	{
			//Vorbereitung fuer Effectrechnung
			Vec velocity = new Vec(Points.get(i+1).x-
Points.get(i).x,Points.get(i+1).y-Points.get(i).y,0);
			velocity = velocity.SMult(1.0/(Points.get(i+1).Time-
Points.get(i).Time));
			double AbsVelocity = velocity.Norm();
			double MeanPressure = 
0.5*(Points.get(i).Force+Points.get(i+1).Force);
			MeanPressure/=Math.PI*Math.pow(BrushRadius, 2);
			boolean Start; //Hat er neu angesetzt?
			Start = Points.get(i).start;

			double px, py;
			Vec p1; Vec p2; Vec Point;
			for(int k=0; k<XASize; k++)
				for(int l=0; l<YASize; l++)
				{
					px = xmin+k*xsize/XASize;
					py = ymin+l*ysize/YASize;
					Point = new Vec(px,py,0);
					p1 = new 
Vec(Points.get(i).x,Points.get(i).y,0);
```

```
                                    p2 = new
Vec(Points.get(i+1).x,Points.get(i+1).y,0);
                                    if(PointWithInDistanceToLine(p1,p2,Point,
BrushRadius) )
                                    {
                                          //Beginn des Zaehlers fuer die Haeu-
figkeit der Ueberstriche
                                          if(Start)
                                          {
                                                PathMap[k][l]++;
                                          }
                                          else if(
!(Point.Subtract(p1).Norm()<=BrushRadius))
                                          {
                                                PathMap[k][l]++;
                                          }
                                          //Beginn der Rechnung fuer die Summe
der Wirkung
                                          Effect-
Map[k][l]+=BrushRadius/AbsVelocity*MeanPressure*(Points.get(i+1).Tim
e-Points.get(i).Time);


                                    }
                              }
      }


      //Einteilung der Quadranten
      static int GetSector(PathPoint p1, PathPoint p2)
      {
            Vec delta = p2.Subtract(p1);
            if(delta.x>0)
            {
                  if(delta.y>0)
                        return 1;
                  else
                        return 2;
            }
            else
            {
                  if(delta.y>0)
                  {
                        return 4;
                  }
                  else
                        return 3;
            }
      }

      //Erstelle und schreibe die Liste der Quadranten
      static void MakeSectorList()
      {
            Sector = new int[Points.size()];

            for(int i=1; i<Points.size(); i++)
            {
                  if(!Points.get(i).end)
                  {
```

```
                    Sector[i]=GetSector(Points.get(i-
1),Points.get(i));
                    Points.get(i).Sector=Sector[i];
                }
                else
                {
                    Points.get(i).Sector=0;
                    Sector[i]=0;
                }
            }
        }

        static void WriteSectorList(String Path)
        {
            try
            {
                FileWriter fw = new FileWriter(new File(Path));
                PathPoint p;
                fw.write("Zeit;X;Y;Quadrant\n");
                for(int i=0; i<Points.size(); i++)
                {
                    p = Points.get(i);


        fw.write(p.Time+";"+p.x+";"+p.y+";"+Sector[i]+"\n");
                }
                fw.close();
            }
            catch(IOException e){}

        }
        //Finde Wendepunkte (bzw. hier Maxima/Minima)

        static void FindTurningPoints()
        {
            SectorChange = new ArrayList<SectorChange>();
            for(int i=0; i<Sector.length-1; i++)
            {

                if(Sector[i]!=0)
                {
                    if(Sector[i]!=0 && Sector[i+1]!=0)
                    {
                        if(Sector[i+1]!=Sector[i])
                        {
                            SectorChange.add(new SectorChan-
ge(i,Sector[i])); //hier abgeaendert - es wird der Wert vor dem wen-
depunkt eingetragen, d.h. das Maximum bzw. Minimum im Graph

                        }


                    }
                }
                else
                    SectorChange.add(null);
            }
```

```
		WPCounter++;
	}


	//Finde die Zickzacks im Pfad - Def. Zickzack: geht durch 2 
Quadranten, mind. 2 Wendepunkte

	static void FindAllZigZags(String Path)
	{
		int i=0;
		while(i<=Points.size())
		{
			i=FindZigZag(i, Path);
		}
	}

	static int FindZigZag(int Start, String Path) //returns -1 wenn 
kein Zickzack, Endpunkt
	{
		int j;
		double Amplitude;
		double PathLength=0;
		double Periode;
		double a1;
		double a2;

		for(j=Start; j<SectorChange.size()-3; j++) //j+=2 for 
thomas strategy; j++ for merlins stragy
		{
			if(SectorChange.get(j)==null || Sec-
torChange.get(j+1)==null || SectorChange.get(j+2)==null|| Sec-
torChange.get(j+3)==null)
			{
				break;
			}



	if((SectorChange.get(j).Sector!=SectorChange.get(j+2).Sector)) 
//vergleiche 2 aufeinanderfolgende Quadranten in Wendepunktenliste
			{
				break;
			}
		}
		if(j-Start<2) return Start+1; //Bedingung: mind. 2 Wende-
punkte


		//Info: Start = 1, Startindex = Tabellenwert des 1. 
Wendepunkts
		int StartIndex=SectorChange.get(Start).Index;
		int EndIndex=SectorChange.get(j+1).Index;

		/*
		 * Finde den ersten Wendepunkt des Pfades durch rückwärts 
gehen zum letzten nicht in der Wendepunktliste vorhandenen Wert.
		 *
		 */
```

```
            int OldStart = StartIndex-1;
            int z = 1;
            int zeile = SectorChange.get(z).Index;
            int quad = Points.get(zeile).Sector;

            for(int i=OldStart; i>0 && Points.get(i).Sector!=0; i--)
            {
                 if (Points.get(i).Sector == quad)
                      StartIndex= i;
                 else break;
            }

            /*
             * Finde den letzten Wert des Pfades durch vorwärts gehen
zum letzten Wendepunkt.
             */

            if (j+3 == SectorChange.size())
            {
                 EndIndex=SectorChange.get(SectorChange.size()-
1).Index;
            }

            int EndIndex2 = SectorChange.get(SectorChange.size()-
2).Index; //Index des vorletzten Wendepunktes

            for(int i=EndIndex+1; i<=Points.size()-1 &&
Points.get(i).Sector!=0; i++)
            {

                 if (Points.get(i).Sector ==
Points.get(EndIndex2).Sector)
                      {
                      EndIndex= i;
                      }

                 else
                      break;
            }

            //Pfadlaenge
            for(int i=StartIndex; i<EndIndex; i++)
            {
                 PathLength +=
Points.get(i).Subtract(Points.get(i+1)).Norm();
            }

            //Schreibe Datei Zigzag0-x.csv mit Koordinaten und Zeit
der Zickzacks
            try
            {
                 PathPoint p;
                 FileWriter fw = new FileWriter(new
File(Path+"Zigzag"+ZigZagCounter+".csv"));
                 fw.write("time;xcoordinate;ycoordinate;Quadrant\n");
                 for(int i=StartIndex; i<=EndIndex; i++)
                 {
                      p = Points.get(i);
```

```
      fw.write(p.Time+";"+p.x+";"+p.y+";"+Sector[i]+"\n");
                  }

                  fw.close();

                  fw = new FileWriter(new
File(Path+"Summary.csv"),true);
                  if(ZigZagCounter==0)


      fw.write("StartTime;EndTime;DeltaTime;PathLength+\n");


      fw.write(Points.get(StartIndex).Time+";"+Points.get(EndIndex).T
ime+";"+(Points.get(EndIndex).Time-Points.get(StartIndex).Time)
+";"+PathLength+"\n");
                  fw.close();

                  //Schreibe Tabelle mit Wendepunkten
                  fw = new FileWriter(new
File(Path+"Wendepunkte.csv"), true);
                  if(ZigZagCounter==0)
                  {
                        fw.write("Zeilennummer;Zeit;Index;Wendepunkt;x-
Koordinate;y-Koordinate;Amplitude;Periode\n");
                        int a = 1;

                        for(int i=0; i<SectorChange.size()-1; i++)
                        {

                              /* Finde Amplitude
                               * Generell gilt: Steigung m = (y2-
y1)/(x2-x1) ; Periode p = 2* |x1-x2| ; Amplitude : (|y1| + |y2|)/2
                               */

                              if(SectorChange.get(i)!=null && Sec-
torChange.get(i+1)!=null)
                              {

                                    Periode =
2*(Math.abs(Points.get(SectorChange.get(i).Index).x-
(Points.get(SectorChange.get(i+1).Index).x)));
                                    a1 =
Math.abs(Points.get(SectorChange.get(i).Index).y);

      a2=Math.abs(Points.get(SectorChange.get(i+1).Index).y);
                                    Amplitude = (a1+a2)/2;

      fw.write(a+";"+Points.get(SectorChange.get(i).Index).Time+";"+S
ec-
torChange.get(i).Index+";"+SectorChange.get(i).Sector+";"+Points.get
(Sec-
torChange.get(i).Index).x+";"+Points.get(SectorChange.get(i).Index).
y+";"+Amplitude+";"+Periode+"\n");
                                    a+=1;
                              }

                        }
```

```
                }

                fw.close();




            }
            catch(IOException e){}
            ZigZagCounter++;
            return j;
    }

    /*
     * Diese 2 Methoden nehmen jeweils ein "i" und zählen bei jedem
Programmdurchlauf das i einen hoch (Increment),
     * bzw. einen runter (Decrement). Damit werden die unterschied-
lichen Richtungen (rechts, links) der Spiralläufe symbolisiert
     *
     *
     * static int SpiralLeft = 0; //setze SpiralLeft = 1, wenn eine
linksSpirale existiert
    static int SpiralRight = 0;  // setze SpiralRight = 1, wenn
rechtsSpirale existiert
     */

    static int SpiralIncrement(int i)
    {
            i++;
            if(i>4)
            {

                return 1;
            }

            else
            {

                return i;
            }
    }

    static int SpiralDecrement(int i)
    {
            i--;
            if(i<1)
            {

                return 4;
            }
            else
            {

                return i;
            }
    }
```

```
// Finde Spiralen - links
        static int FindSpiralLeft(int Start, String Path)
        {
                double PathLength = 0;
                int j;
                if(SectorChange.get(Start)==null) return Start+1;
                int SpiralCounter=SectorChange.get(Start).Sector;
                Vec Centre = new Vec();

                for(j=Start; j<SectorChange.size()-2; j++)
                {

                        if(SectorChange.get(j)==null || Sec-
torChange.get(j+1)==null || SectorChange.get(j+2)==null)
                        {
                                break;
                        }
                        if(SectorChange.get(j).Sector != SpiralCounter)
                        {
                                break;
                        }
                        else
                                Spiral-
Counter=SpiralIncrement(SpiralCounter);
                                Cen-
tre.Add(Points.get(SectorChange.get(j).Index));

                }
                if(j-Start<4) return Start+1;


                int StartIndex=SectorChange.get(Start).Index; int
EndIndex = SectorChange.get(j+1).Index;

                Centre = Centre.SMult((double) j-Start);


                /*
                 * Finde den ersten Wendepunkt des Pfades durch
rückwärts gehen zum letzten nicht in der Wendepunktliste vorhandenen
Wert.
                 *
                 */
                int OldStart = StartIndex-1;
                int z = 1;
                int zeile = SectorChange.get(z).Index;
                int quad = Points.get(zeile).Sector;

                for(int i=OldStart; i>0 && Points.get(i).Sector!=0;
i--)
                {
                        if (Points.get(i).Sector == quad)
                                StartIndex= i;
                        else break;
                }

                /*
                 * Finde den letzten Wert des Pfades durch vorwärts
gehen zum letzten Wendepunkt.
```

```
                */

                if (j+3 == SectorChange.size())
                {
                     EndIndex=SectorChange.get(SectorChange.size()-
1).Index;
                }

                int EndIndex2 = Sec-
torChange.get(SectorChange.size()-2).Index; //Index des vorletzten
Wendepunktes

                for(int i=EndIndex; i<=Points.size()-1 &&
Points.get(i).Sector!=0; i++)
                {

                     if (Points.get(i).Sector ==
Points.get(EndIndex2).Sector)
                          {
                          EndIndex= i;
                          }

                     else
                          break;
                }

                //Pfadlänge
                for(int i=StartIndex; i<EndIndex; i++)
                {
                     PathLength +=
Points.get(i).Subtract(Points.get(i+1)).Norm();
                }

                double DeltaTime=Points.get(EndIndex).Time-
Points.get(StartIndex).Time;


                try
                {
                     PathPoint p;
                     FileWriter fw = new FileWriter(new
File(Path+"Left"+LSCounter+".csv"));

     fw.write("time;xcoordinate;ycoordinate;Quadrant\n");
                     for(int i=StartIndex; i<=EndIndex; i++)
                     {
                          p = Points.get(i);

     fw.write(p.Time+";"+p.x+";"+p.y+";"+Sector[i]+"\n");
                     }
                     fw.close();

                     fw = new FileWriter(new
File(Path+"Summary.csv"),true);
                     if(LSCounter==0)
                          fw.write("StartTime-
L;EndTime;DeltaTime;PathLength);links;\n");
```

```
	fw.write(Points.get(StartIndex).Time+";"+Points.get(EndIndex).T
ime+";"+DeltaTime +";"+PathLength+";\n");
				fw.close();

			}
			catch(IOException e){}
			LSCounter++;
			return j;

		}


	// Finde Spiralen - rechts
	static int FindSpiralRight(int Start, String Path)
	{
		double PathLength = 0;
		int j;
		if(SectorChange.get(Start)==null) return Start+1;
		int SpiralCounter=SectorChange.get(Start).Sector;
		Vec Centre = new Vec();

		for(j=Start; j<SectorChange.size()-2; j++)
		{
			if(SectorChange.get(j)==null || Sec-
torChange.get(j+1)==null || SectorChange.get(j+2)==null)
			{
				break;
			}
			if(SectorChange.get(j).Sector != SpiralCounter)
			{
				break;
			}
			else
				SpiralCounter=SpiralDecrement(SpiralCounter);
				Cen-
tre.Add(Points.get(SectorChange.get(j).Index));

		}
		if(j-Start<4) return Start+1;


		int StartIndex=SectorChange.get(Start).Index; int EndIn-
dex = SectorChange.get(j+1).Index;

		Centre = Centre.SMult((double) j-Start);


		/*
		 * Finde den ersten Wendepunkt des Pfades durch rückwärts
gehen zum letzten nicht in der Wendepunktliste vorhandenen Wert.
		 *
		 */
		int OldStart = StartIndex-1;
		int z = 1;
		int zeile = SectorChange.get(z).Index;
		int quad = Points.get(zeile).Sector;

		for(int i=OldStart; i>0 && Points.get(i).Sector!=0; i--)
```

```
            {
                  if (Points.get(i).Sector == quad)
                        StartIndex= i;
                  else break;
            }

            /*
             * Finde den letzten Wert des Pfades durch vorwärts gehen
zum letzten Wendepunkt.
             */

            if (j+3 == SectorChange.size())
            {
                  EndIndex=SectorChange.get(SectorChange.size()-
1).Index;
            }

            int EndIndex2 = SectorChange.get(SectorChange.size()-
2).Index; //Index des vorletzten Wendepunktes

            for(int i=EndIndex+1; i<=Points.size()-1 &&
Points.get(i).Sector!=0; i++)
            {

                  if (Points.get(i).Sector ==
Points.get(EndIndex2).Sector)
                        {
                        EndIndex= i;
                        }

                  else
                        break;
            }

            //PfadlÃ¤nge
            for(int i=StartIndex; i<EndIndex; i++)
            {
                  PathLength +=
Points.get(i).Subtract(Points.get(i+1)).Norm();
            }

            double DeltaTime=Points.get(EndIndex-1).Time-
Points.get(StartIndex).Time;


            try
            {
                  PathPoint p;
                  FileWriter fw = new FileWriter(new
File(Path+"Right"+RSCounter+".csv"));
                  fw.write("time;xcoordinate;ycoordinate;Quadrant\n");
                  for(int i=StartIndex; i<=EndIndex-1; i++)
                  {
                        p = Points.get(i);

      fw.write(p.Time+";"+p.x+";"+p.y+";"+Sector[i]+"\n");
                  }
                  fw.close();
```

```
                    fw = new FileWriter(new
File(Path+"Summary.csv"),true);
                    if(RSCounter==0)


                    fw.write("StartTime-
R;EndTime;DeltaTime;PathLength;rechts;\n");


        fw.write(Points.get(StartIndex).Time+";"+Points.get(EndIndex-
1).Time+";"+DeltaTime +";"+PathLength+";\n");

                    fw.close();

                }
                catch(IOException e){}
                RSCounter++;
                return j;

        }


        static int FindSpiralIntersection(int Start, String Path)
        {
                double PathLength = 0;
                int j;
                if(SectorChange.get(Start)==null) return Start+1;
                int SpiralCounter;
                Vec Centre = new Vec();
                SpiralCounter=SectorChange.get(Start).Sector;

                for(j=Start+1; j<SectorChange.size()-5; j++)
                {
                    if(SectorChange.get(j)==null || Sec-
torChange.get(j+1)==null||SectorChange.get(j+2)==null||SectorChange.
get(j+3)==null||SectorChange.get(j+4)==null||SectorChange.get(j+5)==
null)
                    {
                            break;
                    }

                    else if (((Sec-
torChange.get(j).Sector==SectorChange.get(j+3).Sector)&&(SectorChang
e.get(j+1).Sector==SectorChange.get(j+4).Sector))&&(SectorChange.get
(j+2).Sector==SectorChange.get(j+5).Sector)&&(Intersection(SectorCha
nge.get(j).Index,SectorChange.get(j+5).Index)))
                    {
                            SpiralCounter=SpiralIncrement(SpiralCounter);
                    }
                    else break;
                }



                if(j-Start<5) return Start+1;
                int StartIndex=SectorChange.get(Start).Index; int EndIn-
dex = SectorChange.get(j+4).Index;

                Centre = Centre.SMult((double) j-Start);
```

```
        /*
         * Finde den ersten Wendepunkt des Pfades durch rückwärts
gehen zum letzten nicht in der Wendepunktliste vorhandenen Wert.
         *
         */
        int OldStart = StartIndex-1;
        int z = 1;
        int zeile = SectorChange.get(z).Index;
        int quad = Points.get(zeile).Sector;

        for(int i=OldStart; i>0 && Points.get(i).Sector!=0; i--)
        {
             if (Points.get(i).Sector == quad)
                  StartIndex= i;
             else break;
        }


        // Finde den letzten Wert des Pfades durch vorwärts gehen
zum letzten Wendepunkt.


        int EndIndex2 = SectorChange.get(SectorChange.size()-
2).Index; //Index des vorletzten Wendepunktes

        for(int i=EndIndex; i<=Points.size()-1 &&
Points.get(i).Sector!=0; i++)
        {

             if (Points.get(i).Sector ==
Points.get(EndIndex2).Sector)
                  {
                  EndIndex= i;
                  }

             else
                  break;
        }

        //Pfadlänge
        for(int i=StartIndex; i<EndIndex; i++)
        {
             PathLength +=
Points.get(i).Subtract(Points.get(i+1)).Norm();
        }

        double DeltaTime=Points.get(EndIndex).Time-
Points.get(StartIndex).Time;


        try
        {
             PathPoint p;
             FileWriter fw = new FileWriter(new
File(Path+"IntersectL"+ISCounter+".csv"));
             fw.write("time;xcoordinate;ycoordinate;Quadrant\n");
             for(int i=StartIndex; i<=EndIndex; i++)
```

```
                {
                        p = Points.get(i);

        fw.write(p.Time+";"+p.x+";"+p.y+";"+Sector[i]+"\n");
                }
                fw.close();

                fw = new FileWriter(new
File(Path+"Summary.csv"),true);
                if(ISCounter==0)
                        fw.write("StartTime-
I;EndTime;DeltaTime;PathLength)\n");

        fw.write(Points.get(StartIndex).Time+";"+Points.get(EndIndex).T
ime+";"+DeltaTime +";"+PathLength+";\n");
                fw.close();

            }
            catch(IOException e){}
            ISCounter++;
            return j;

        }


            static boolean DoesIntersect(int a1, int a2, int b1, int
b2)
                        {
                                Vec v1 =
Points.get(a2).Subtract(Points.get(a1));
                                Vec v2 =
Points.get(b2).Subtract(Points.get(b1));
                                Vec p =
Points.get(b1).Subtract(Points.get(a1));


                                double t = (v1.x*p.y-
v1.y*p.x)/(v1.y*v2.x-v1.x*v2.y);
                                double s = (p.x+v2.x*t)/(v1.x);



                                if(t<=1.0 && s>=0.0)
                                {
                                        return true;
                                }
                                else{
                                        return false;
                                }

                        }



                        /**
                         * Diese methode gibt true zurück, wenn...
                         * "Das Pfadsegment zwischen StartIntersect und
EndIntersect das Segment zwischen
                         * Start und End schneidet".
```

```
                    */


                    static boolean Intersection( int StartInter-
sect, int EndIntersect)
                    {

                         for(int i=StartIntersect; i<EndIntersect;
i++)
                         {
                              for(int j=i+2; j<EndIntersect; j++)
                              {

     if(DoesIntersect(i,i+1,j,j+1)==true)
                                   {
                                        return true;
                                   }

                              }
                         }
                         return false;
                    }

                    static void FindAllStillMovements(String Path)
                    {
                         int i=0;
                         while(i<=Points.size())
                         {
                              i=FindStillMovement(i, Path);
                         }
                    }


                    static int FindStillMovement(int Start, String
Path) //returns -1 wenn keine "Watte-Bewegung", Endpunkt
                    {
                         int j;

                         double PathLength=0;

                         for(j=Start; j<SectorChange.size()-2;
j++) //j+=2 for thomas strategy; j++ for merlins stragy
                         {
                              if(SectorChange.get(j)==null || Sec-
torChange.get(j+1)==null || SectorChange.get(j+2)==null)
                              {
                                   break;
                              }

                              double comp1 =
Points.get(SectorChange.get(j+2).Index).y;
                              double comp2 =
Points.get(SectorChange.get(j).Index).y;

                              if((Math.abs(comp1-comp2)
>2))//berechne Differenz der 1. und 3. y-werte, um zu sehen, ob der
Polierer auf der Stelle poliert/Differenz max 2mm
                              {
```

```
                                        break;
                                }

                        }
                        if(j-Start<1) return Start+1;


                        //Info: Start = 1, Startindex = Tabellen-
wert des 1. Wendepunkts
                        int StartIn-
dex=SectorChange.get(Start).Index;
                        int EndIndex=SectorChange.get(j+1).Index;


                        //Schreibe Datei Watte0-x.csv mit Koordi-
naten und Zeit

                        try
                        {
                                PathPoint p;
                                FileWriter fw = new FileWriter(new
File(Path+"Watte"+WatteCounter+".csv"));

        fw.write("time;xcoordinate;ycoordinate;Quadrant\n");
                                for(int i=StartIndex; i<=EndIndex;
i++)
                                {
                                        p = Points.get(i);

        fw.write(p.Time+";"+p.x+";"+p.y+";"+Sector[i]+"\n");
                                }

                                fw.close();

                                fw = new FileWriter(new
File(Path+"Summary.csv"),true);
                                if(WatteCounter==0)


        fw.write("StartTime;EndTime;DeltaTime;PathLength+\n");


        fw.write(Points.get(StartIndex).Time+";"+Points.get(EndIndex).T
ime+";"+(Points.get(EndIndex).Time-Points.get(StartIndex).Time)
+";"+PathLength+"\n");
                                fw.close();


                        }
                        catch(IOException e){}
                        WatteCounter++;
                        return j;
                }



        static void FindLeftSpirals(String path)
        {
```

```
        int i=0;
        while(i<SectorChange.size())
        {

            i=FindSpiralLeft(i, path);
        }
    }

    static void FindRightSpirals(String path)
    {
        int i=0;

        while(i<SectorChange.size())
        {

            i=FindSpiralRight(i, path);
        }

    }

    static void FindIntersectionSpirals(String path)
    {
        int i=0;
        while(i<SectorChange.size())
        {

            i=FindSpiralIntersection(i, path);
        }
    }
}

class SectorChange
{
    int Index;
    int Sector;

    SectorChange(int Index, int Sector)
    {
        this.Index=Index; this.Sector=Sector;
    }
}
```

G Quellcode Origin-Pfadauswertung

```
nnn=wks.maxrows;
//Setze Zickzack
nn=Col(5)[1];
for (n=1;n<nn+1;n++)
{
	k=Col(8)[n];
	kk=Col(9)[n];
	for (f=1;f<nnn;f++)
	{
		if (Col(1)[f]>=k && Col(1)[f]<=kk)
		{
		Col(4)[f]=1;
		}
	}
}
//Setze Spiral
mm=Col(6)[1];
for (n=1;n<mm+1;n++)
{
	k=Col(10)[n];
	kk=Col(11)[n];
	//k=;
	//kk=;

	for (f=1;f<nnn;f++)
	{
		if (Col(1)[f]>=k && Col(1)[f]<=kk)
		{
		Col(4)[f]=2;
		}
	}
}
//Setze Seesaw
aa=Col(7)[1];
	for (n=1;n<aa+1;n++)
	{
		k=Col(12)[n];
		kk=Col(13)[n]
		for (f=1;f<nnn;f++)
		{
		if  (Col(1)[f]>=k  &&  Col(1)[f]<=kk  &&  Col(4)[f]!=1  &&
		Col(4)[f]!=2 ) //Vorrang Zickzack und Spiralen
		{
		Col(4)[f]=5;
		}
	}
}
//Setze Random
for (f=1;f<nnn;f++)
	{
		if (Col(4)[f]!=1 && Col(4)[f]!=2 && Col(4)[f]!=5)
```

```
            {
            Col(4)[f]=3;
        }
}
//Setze NaN
for (f=1;f<nnn;f++)
{
if (Col(2)[f]==NaN)
        {
        Col(4)[f]=4;
        }
}
```

Lebenslauf

Persönliche Angaben

Name	Barbara Bohne (geb. Behrens)
Geburtsdatum	18. Juni 1981
Geburtsort	Clausthal-Zellerfeld
Familienstand	verheiratet

Schulbildung

08/1987 bis 07/1991	Grundschule Essinghausen
08/1991 bis 07/1993	Orientierungsstufe Peine
08/1993 bis 06/2000	Ratsgymnasium Peine (Allgemeine Hochschulreife 06/2000)

Studium

10/2000 bis 08/2007	Studium (Dipl.-Ing.) – Technische Universität Clausthal Informationstechnik, Diplom im August 2007
08/2004 – 12/2004	Auslandssemester – Königlich Technische Hochschule Stockholm

Beruflicher Werdegang

02/2002 – 03/2002	Grundpraktikum – Deutsche Gesellschaft zum Bau und Betrieb von Endlagern für Abfallstoffe mbH (DBE), SZ-Bleckenstedt im Bereich Elektrotechnik
01/2005 – 04/2005	Fachpraktikum – Deutsches Zentrum für Luft- und Raumfahrt, Braunschweig, Institut für Flugsystemtechnik, Abteilung Flugversuchstechnik
11/2005 – 02/2008	Arbeit als Wissenschaftliche Hilfskraft – Institut für Prozess- und Produktionsleittechnik, TU Clausthal
03/2008 – 08/2013	Wissenschaftliche Mitarbeiterin / Projektleiterin am Fraunhofer-Institut für Produktionstechnologie IPT, Aachen Bereich Prozesstechnologie, Abteilung Automatisierte Feinbearbeitung
Seit 07/2014	Projektingenieurin bei Tetra Pak Processing GmbH, Reinbek im Bereich Automation / Steuerungen

Glinde, im Mai 2018

In der Reihe **Ergebnisse aus der Produktionstechnik** zuletzt erschienen:

Fuhrmann, Marco:
Qualitätsorientierte modellbasierte Prozessparameteroptimierung für das Fused Deposition Modeling
ISBN: 978-3-86359-633-0
Erscheinungsdatum: 22.06.2018

Schmitz, Torben:
Qualitätsorientierte modellbasierte Prozessparameteroptimierung für das Fused Deposition Modeling
ISBN: 978-3-86359-625-5
Erscheinungsdatum: 22.06.2018

Ottersbach, Michael:
Belastungsspezifische Werkzeug- und Prozessauslegung für die Schlichtfräsbearbeitung von Hartmetall
ISBN: 978-3-86359-627-9
Erscheinungsdatum: 14.06.2018

Müller, Sebastian:
Material Removal Mechanisms during Grinding of Fiber-Reinforced Ceramics with Porous Matrix
ISBN: 978-3-86359-632-3
Erscheinungsdatum: 08.06.2018

Konowalczyk, Philip:
Grübchen- und Zahnflankenbruchtragfähigkeit großmoduliger Stirnräder
ISBN: 978-3-86359-628-6
Erscheinungsdatum: 04.06.2018

Ortlieb, Casimir
Produktportfoliogerechte Baukastengestaltung
ISBN: 978-3-86359-622-4
Erscheinungsdatum: 22.05.2018

Bakarinow, Kolja:
Methodik zur Prognose des thermoelastischen Verhaltens von Vorschubachskomponenten
ISBN: 978-3-86359-621-7
Erscheinungsdatum: 22.05.2018

Krappig, Reik:
Hochgenaue wellenfrontbasierte Justage kleinaperturiger optischer Systeme
ISBN: 978-3-86359-617-0
Erscheinungsdatum: 04.05.2018

Wirtz, Christian:
Zerspanverhalten von WC-Co Hartmetallen bei der Schleifbearbeitung
ISBN: 978-3-86359-624-8
Erscheinungsdatum: 27.04.2018

Hempel, Thomas:
Bedarfsgerechte Informationsbereitstellung zur hochauflösenden Produktionsplanung und -regelung
ISBN: 978-3-86359-613-2
Erscheinungsdatum: 13.04.2018

Karrer-Müller, Eva-Maria:
Prozessmodell für die frühe Phase der Entwicklung mechatronischer Systeme von Nutzfahrzeugen
ISBN: 978-3-86359-599-9
Erscheinungsdatum: 20.03.2018

Prote, Jan-Philipp:
Verursachungsgerechte Bewertung von Standortalternativen in Produktionsnetzwerken
ISBN: 978-3-86359-598-2
Erscheinungsdatum: 20.03.2018

Edition Wissenschaft
Apprimus

Barg, Sebastian Julian:
Kontextbezogene Auslegung von Produktbaukästen
ISBN: 978-3-86359-607-1
Erscheinungsdatum: 15.03.2018

Begovic, Advan:
Datenbasiertes Wissensmanagement für Smart Services im Werkzeugbau
ISBN: 978-3-86359-604-0
Erscheinungsdatum: 28.02.2018

Ellinghaus, Jan Moritz:
UP-Zerspanung großflächiger optischer Strukturen durch Mehrschneidenflycutting
ISBN: 978-3-86359-591-3
Erscheinungsdatum: 27.02.2018

Wennemer, Matthias:
Methode zur messtechnischen Analyse und Charakterisierung volumetrischer thermo-elastischer Verlagerungen von Werkzeugmaschinen
ISBN: 978-3-86359-592-0
Erscheinungsdatum: 15.02.2018

Müller: Johannes:
Integrative Gestaltung von Fertigungsprozess- und Prüffolgen für sicherheitskritische Bauteile
ISBN: 978-3-86359-589-0
Erscheinungsdatum: 14.02.2018

Kampka, Marco:
Lokal aufgelöste Zerspankraft beim Verzahnungshonen
ISBN: 978-3-86359-576-0
Erscheinungsdatum: 14.02.2018

Voet, Hanno Arnd:
Baukastensysteme für die Fabrikplanung in kleinen und mittleren Unternehmen
ISBN: 978-3-86359-605-7
Erscheinungsdatum: 09.03.2018

Zhang, Huchen:
Fertigungsintegriertes Messsystem zur Qualitätsprüfung und -regelung in der Serienproduktion von Kegelradgetrieben
ISBN: 978-3-86359-590-6
Erscheinungsdatum: 27.02.2018

Schönberg, Alexander:
Steigerung der Prozessfähigkeit gewandelter Montagezellen durch Selbstreferenz
ISBN: 978-3-86359-588-3
Erscheinungsdatum: 21.02.2018

Diels, Frederic:
Indikatoren für die Ermittlung agil zu entwickelnder Produktumfänge
ISBN: 978-3-86359-586-9
Erscheinungsdatum: 14.02.2018

Dölle, Christian:
Projektsteuerung in der Produktentwicklung mittels Predictive Analytics
ISBN: 978-3-86359-585-2
Erscheinungsdatum: 14.02.2018

Graw, Myron:
Instrument zur Steigerung des branchenübergreifenden Verwertungspotenzials von Fertigungstechnologien
ISBN: 978-3-86359-584-5
Erscheinungsdatum: 14.02.2018

Edition Wissenschaft
Apprimus

FSC
www.fsc.org
MIX
Papier | Fördert gute Waldnutzung
FSC® C083411

Kolibri 360 GmbH
Ferdinand-Jühlke-Straße 7
99095 Erfurt, Deutschland
produktsicherheit@kolibri360.de